Longjam Shantabi
Ganesh Chandra Jagetia

# Perfil fitofísico-químico e de HPLC das folhas de Croton caudatus

Longjam Shantabi
Ganesh Chandra Jagetia

# Perfil fitofísico-químico e de HPLC das folhas de Croton caudatus

## Um estudo preliminar de Croton caudatus Geiseler in vitro

ScienciaScripts

**Imprint**



Cover image: www.ingimage.com

This book is a translation from the original published under ISBN 978-620-2-19744-1.

Publisher:
Sciencia Scripts
is a trademark of
Dodo Books Indian Ocean Ltd. and OmniScriptum S.R.L publishing group

120 High Road, East Finchley, London, N2 9ED, United Kingdom
Str. Armeneasca 28/1, office 1, Chisinau MD-2012, Republic of Moldova, Europe
Printed at: see last page
**ISBN: 978-620-8-04476-3**

# ÍNDICE

# AGRADECIMENTOS

Em primeiro lugar, inclino a minha cabeça e rezo ao Todo-Poderoso pela coragem que me deu em muitas situações complicadas.

A vida é uma longa viagem. O maior desafio e as maiores dificuldades da minha vida chegaram ao fim com a ajuda e o apoio de tantas pessoas, direta e indiretamente, de tantas formas, com sentido de humanidade, afeto, amizade, relação e obrigação. Não teria sido possível concluir o meu percurso sem a ajuda e o apoio destas pessoas tão amáveis. Por isso, aproveito esta oportunidade para expressar o meu profundo sentimento de gratidão e fidelidade a todas elas.

Com um profundo sentido de gratidão, gostaria de expressar os meus sinceros agradecimentos ao meu principal supervisor e benfeitor, Dr. Ganesh Chandra Jagetia, Professor e Diretor do Departamento de Zoologia da Universidade de Mizoram e antigo Professor e Diretor do Departamento de Radiobiologia da Faculdade de Medicina de Kasturba, Universidade de Manipal, pelas suas valiosas sugestões, orientação inestimável, ajuda atempada e apoio moral. Estive com ele desde 2008 e, durante este período, conheci-o como uma pessoa ousada, enérgica, paciente, generosa, trabalhadora, simpática, inteligente, com um pensamento aguçado e cheio de novas ideias. Estou muito impressionado com a sua personalidade multi-talentosa que me satisfaz plenamente como Guia. Sempre o vi corajoso nos seus momentos felizes e tristes. A forma como ele lida com as situações levou-me a pensar sempre no lado positivo da vida. O meu apreço pelo Dr. Jagetia não pode ser descrito por palavras.

Os meus sinceros agradecimentos ao Dr. M. A. Ayub Ali, Professor e Diretor, Departamento de Fisiologia e Bioquímica, Faculdade de Ciências Veterinárias e A. H, Selesih, Aizawl, Mizoram, por me ter permitido e orientado na realização de experiências com antioxidantes.

Os meus sinceros agradecimentos ao Dr. Chawngthanliana, Diretor, Regional Institute of Paramedical and Nursing Sciences (RIPANS), Aizawl, Mizoram, por me ter dado autorização para realizar experiências fitoquímicas, microscópicas e de HPLC. Estou muito grato ao Dr. H. Lalhlenmawia, Professor Associado e Diretor do Departamento de Farmácia do Instituto Regional de Ciências Paramédicas e de Enfermagem (RIPANS), pela sua valiosa orientação e inspiração ao longo do estudo. Os meus sinceros agradecimentos à Sra. Sharungbam Victoria, Professora Assistente, Departamento de Farmácia, Instituto Regional de Ciências Paramédicas e de Enfermagem, pela sua cooperação e ajuda constante até ao fim da parte de isolamento do meu estudo. Vi-a sempre muito jovial, misturada com profissionalismo.

Gostaria de transmitir os meus sinceros agradecimentos ao meu pai, Shri Longjam Bhogendro, e à minha mãe, Smt. M. Damayenti Devi, pelo seu amor, afeto, cuidado, compreensão paciente, apoio moral e encorajamento constante durante toda a minha vida, sem os quais não me teria tornado uma pessoa. Sinto-me sempre muito orgulhosa por ser uma filha afortunada deles.

Quero agradecer particularmente ao meu marido, Shri Ningthoujam Subhaschandra, e à minha filha, Tracilee Ningthoujam, pelo seu constante apoio físico e moral e pelo seu encorajamento, sem os quais a conclusão deste trabalho não teria sido possível.

Por último, mas não menos importante, gostaria de agradecer à University Grants Commission (UGC), Governo da Índia, Nova Deli, pelo apoio financeiro durante o meu trabalho, sem o qual não teria sido possível concluí-lo a tempo.

Datada de $14^{th}$ de dezembro de 2017 Aizawl, Mizoram.

Longjam Shantabi.

## LISTA DE ABREVIATURAS

| | |
|---|---|
| CCE | *Croton caudatus* extract |
| DMSO | Dimethyl sulfoxide |
| DPPH | 1,1-Diphenyl-2-picrythydrazyl |
| EDTA | Ethylenediamine tetraacetic acid |
| et al | And others |
| FRAP | Ferric reducing antioxidant potential |
| g | Gram |
| HPLC | High Performance Liquid Chromatography |
| •OH | Hydroxyl |
| µl | Microlitre |
| µg | Microgram |
| mg | Milligram |
| ml | Millilitre |
| NBT | nitroblue tetrazolium |
| nm | Nanometre |
| NO• | Nitric oxide |
| O2•-, | Superoxide |
| Rf | Retention time |
| RT | Retention time |
| TCA | Trichloroacetic acid |
| TLC | Thin Layer Chromatography |
| TPTZ | 2,4,6-tris(2-pyridyl)-s-triazine |
| Trolox(Tx), | 6-hydroxy-2,5,7,8-tetramethylchromane-2-carboxylic acid |

# Capítulo I

## INTRODUÇÃO

Os seres humanos dependeram da natureza para as suas necessidades básicas, incluindo a produção de alimentos, abrigo, vestuário, transporte, fertilizantes, sabores e fragrâncias e medicamentos ao longo dos tempos (Cragg e Newman, 2005). As plantas têm sido utilizadas como medicamentos há milhares de anos (Samuelsson, 2004). A planta sintetiza vários fitoquímicos para diferentes fins, incluindo nutrição, facilitar a polinização, afastar insectos e como defesa contra o stress (Shantabi *et al.*, 2014). A Organização Mundial de Saúde (OMS) listou 20.000 plantas medicinais a nível mundial (Gupta, 1995); e a contribuição da Índia é de cerca de 15-20% (Singh, 2000). De acordo com a estimativa da OMS, cerca de 80% da população dos países em desenvolvimento depende diretamente das plantas para as suas necessidades medicinais (Pareek, 1996; Mukhopadhyay, 1988).

Os medicamentos à base de plantas assumiram inicialmente a forma de medicamentos em bruto, como tinturas, chás, cataplasmas, pós e outras formulações à base de plantas (Balick e Cox, 1997; Samuelsson, 2004). O conhecimento tradicional indígena de plantas medicinais de várias comunidades étnicas foi transmitido oralmente durante séculos de uma geração para a seguinte. Eventualmente, a informação relativa às plantas medicinais foi registada em farmacopeias herbáceas (Balunas, 2005).

Os produtos naturais têm atraído a atenção dos farmacologistas desde a antiguidade, o que levou ao isolamento de mais de 1 39 000 fitoquímicos, incluindo derivados de terpenóides, alcalóides, glicosídeos, polifenólicos, esteróides e outras moléculas (Boopathy e Kathiresan, 2010). Muitos dos medicamentos da era moderna foram derivados de fontes vegetais antes do início da sua síntese química efectiva (Cragg e Newman, 2013). Este facto indica que as plantas continuarão a desempenhar um papel significativo no futuro para o desenvolvimento de novos medicamentos.

Nos últimos anos, tem havido um interesse crescente em investigar materiais naturais como fonte de potenciais novos agentes quimioterapêuticos. Esta abordagem é prosseguida na esperança de obter novas moléculas bioactivas através da química combinatória e da modelação molecular computorizada (Cragg *et al.*, 2009). Além disso, há um argumento cada vez mais poderoso para revisitar os produtos naturais para a descoberta de medicamentos. Historicamente, os produtos naturais de plantas e animais eram a fonte de todas as preparações medicinais e, mais recentemente, os produtos naturais têm continuado a entrar em ensaios clínicos, particularmente como agentes anticancerígenos e antimicrobianos (Harvey, 2008; Harvey, 2011; Dias, 2012).

*Croton caudatus* Geiseler. (Família: euphorbiaceae) é um arbusto ou trepadeira lenhosa, ligeiramente aromático, com a presença de látex amarelado. Cresce até 5 m de altura; ramifica-se por vezes em espirais apicais e, nos restantes casos, alternadamente; os ramos jovens são densamente pubescentes, lentamente glabrescentes na maturidade. A casca do caule de *Croton caudatus* contém triterpenóides: taraxerona, taraxerol e acetato de taraxerilo, bem como diterpenos, nomeadamente crotoncaudina, teuvidina (Chatterjee, 1977), iso crotocaudina (Chatterjee, 1978) e 5α-estigmastano-3,6-diona (Banarjee, 1988). Pradhan registou a presença de dotriocotanol, β-amirina e β-sitosterol no caule de *Croton caudatus*.

Uma nova flavona, denominada crotoncaudatina (1), foi isolada dos caules de *Croton caudatus* Geisel. var. tomentosus Hook., juntamente com nove análogos conhecidos: 3,5,6,7,8,3',4'-heptametoxiflavona (2), tangeretina (3), nobiletina (4), 5,6,7,4'tetrametoxiflavona (5), sinensetina (6), kaempferol (7), tilirosídeo (8), kaempferol-3-Orutinosídeo (9) e rutina (10) (Zou, et al 2010).

O *Croton caudatus* Geiseler (família Euphorbiaceae) tem sido tradicionalmente utilizado para cuidados de saúde humanos. É utilizado como cataplasma para a febre e entorses em várias partes da Ásia. É também útil no tratamento de doenças do fígado. As suas raízes são purgativas. A planta inteira é utilizada para fins medicinais e tem baixa toxicidade (Lin *et al*, 2003). *Croton caudatus* está bastante difundido no Sudeste Asiático e encontra-se no Sri Lanka, Butão, Bornéu, Birmânia, região Indo-Myanmar, Java, Laos, Malásia, Nepal, Paquistão, Filipinas, Singapura, Sumatra, Tailândia e Vietname. Os Chin-Kuki, habitantes de Manipur e Mizoram, utilizam *o Croton caudatus* Geiseler para cuidados de saúde desde há muito tempo. *Croton caudatus*

Geisler é um medicamento tradicional Dai Nacionalista onde os seus caules e folhas têm sido utilizados para o tratamento da malária, febre ardente, convulsões, artrite reumática e dormência (Jiangsu New Medical College, 1975). É um dos constituintes do Qi Wei Ke Teng Zi Wan, uma fórmula famosa utilizada pela nacionalidade Dai da China para o tratamento de dores e doenças do estômago (Comissão da Farmacopeia da República Popular da China, 2005). As folhas têm sido aplicadas em feridas purulentas de tartarugas feridas para as proteger das larvas. Na língua Hmar, é designada por "Ranlung damdawi" (Ranlung = verme, damdawi = medicamento), na língua Manipuri "Yong Khullokpi e Khagi laikoi" e em Thadou-Kuki "Ganthan lou". A administração oral do sumo/extrato foi experimentada pela primeira vez em Saikot, no distrito de Churachandpur, em Manipur, pelo próprio Sr. Chawilen, pelo que é também conhecida como "Chawilen damdawi" em sua homenagem e é também tradicionalmente conhecida como "Kam-Sabut". Cresce normalmente em pântanos de turfa, florestas de folha caduca e florestas de folha persistente de dossel espesso. Por vezes, cresce perto de zonas marginais ao longo de rios ou riachos. Devido à sua utilização generalizada nesta parte da Índia como medicina tradicional, o presente estudo foi concebido para

1. Avaliar as caraterísticas fitoquímicas e físico-químicas de vários extractos de *Croton caudatus in vitro.*
2. Avaliar o potencial antioxidante do extrato de folhas de *Croton caudatus in-vitro.*
3. Determinar as caraterísticas microscópicas e o perfil de HPLC da folha de *Croton caudatus* Geiseler.

**REFERÊNCIAS:**

1 Balick MJ, Cox PA (1997) Plants, people and culture: the science of ethnobotany (Plantas, pessoas e cultura: a ciência da etnobotânica). Scientific American Library, Nova Iorque, NY.

2 Balunas MJ, Kinghorn DA (2005) Drug discovery from medicinal plants. Artigo de revisão. Life Sci. 78 (5):431-441.

3 Banarjee A, Nandi G, Kundu AB (1988) Investigação de Croton caudatus Geisel-Isolamento de Stigmastan-3, 6-dione,5α. J indian chem soc. 65: 459.

4 Boopathy NS, Kathiresan K (2010) Fármacos anticancerígenos da flora marinha: An overview. J Oncol: 1-18.

5 Chatterjee A, Ashoke B, Bohlmann F (1978) Isocrotocaudin, Um novo diterpeno do tipo norclerodano de Croton caudatus. Phytochemistry 17: 1777-1779.

6 Chatterjee A, Banarjee A Bohlmann F (1977) Crotocaudin; Um norditerpeno do tipo labdano rearranjado de Croton caudatus Geisel. Tetrahedron 33: 2407-2414.

7 Cragg GM, Grothaus PG, Newman DJ (2009) Impacto dos produtos naturais no desenvolvimento de novos agentes anticancerígenos J Chem Rev 109: 3012-3043.

8 Cragg GM, Newman DJ (2013) Natural products: a continuing source of novel drug leads. BiochimicaBiophysicaActa 1830(6): 3670-3695.

9 Cragg, GM, Newman DJ (2005) Biodiversity: A continuing source of novel drug leads. Pure Appl. Chem. 77 (1):7-24.

10 Dhar U, Manjkhola S, Joshi M et al (2002) Current status and future strategy for development of medicinal plants sector in Uttaranchal, India. Curr. Sci 83: 956964.

11 Dias DA, Urban S, Roessner U (2012) Uma visão histórica dos produtos naturais na descoberta de medicamentos. Metabolitos 2: 303-333.

12 Dikshit VK (1999) Export of medicinal plants from India: need for resource management. Em Biodiversity - North-east India Perspectives: People's Participation in Biodiversity Conservation (eds Kharbuli, B., Syem, D. e Kayang, H.), NEBRC, North-Eastern Hill University, Shillong, pp. 85-88.

13 Gupta R, Chadha K L (1995) Medicinal and aromatic plants in India. In Advances in Horticulture, Medicinal and Aromatic Plants (eds Chadha, K. L. e Gupta, R.), Malhotra Publishing House, Nova Deli, pp. 1-44.

14 Harvey AL, Gericke N (2011) em Biodiversity Ch. 15 (ed. Pavlinov, I. Y.) 323338 (Intech).

15 Harvey AL (2008) Natural products in drug discovery (Produtos naturais na descoberta de medicamentos). Drug Discov. Today 13: 894-901.

16 Heinrich M, Barnes J, Gibbons S et al (2004) Fundamentals of Pharmacognosy and Phytotherapy. Churchill Livingstone, Elsevier Science Ltd., Reino Unido.

17 Mukhopadhyay S (1998) Conservation, protection and biodiversity of medicinal plants. Em Prospects of Medicinal Plants (eds Gautam, P. L. et al.), Indian Society for Plant Genetic Resources, Nova Deli, pp. 15-28.

18 Pareek SK (1996) Medicinal plants in India: Present status and future prospects. Em Prospects of Medicinal Plants (eds Gautam, P. L. et al.), Indian Society for Plant Genetic Resources, NBPGR Campus, Nova Deli, pp. 5-14.

19 Pradhan BP (1969) Chemical Investigation of Croton-Caudatus, Geisel, J indian chem soc. 46: 323.

20 Samuelsson G (2004) Drugs of natural origin: a textbook of pharmacognosy, 5th Swedish Pharmaceutical Press, Estocolmo.

21 Shantabi L, Jagetia GC, Vabeiryureilai M et al (2014) Rastreio fitoquímico de certas plantas medicinais de Mizoram, Índia, e sua utilização no folclore. J Biodivers Biopros Dev 1: 136

22 Singh HB (2000) Alternative source for some conventional drug plants of India. Em Ethnobotany and Medicinal Plants of Indian Subcontinents (ed. Maheshwari, J. K.), Scientific Publishers, Jodhpur, Índia, pp. 63-78.

23 Zou GA, Su ZH, Zhang HW et al (2010) Flavonóides dos caules de Croton caudatus Geisel. var. tomentosus Hook. Moléculas 15: 1097-1102

## Capítulo II

## Análises fitoquímicas e físico-químicas de vários extractos de *Croton caudatus in vitro.*


### RESUMO

As folhas maduras de *Croton caudatus* foram recolhidas, secas e transformadas em pó. O material em pó foi extraído sequencialmente em éter de petróleo, clorofórmio, álcool etílico e água. Os extractos líquidos arrefecidos foram concentrados por evaporação do seu conteúdo líquido sob pressão reduzida à temperatura ambiente. Cada extrato, com exceção do éter de petróleo, foi concentrado *no vácuo* e armazenado a -70°C até nova utilização. A análise fitoquímica qualitativa do extrato de etanol foi realizada utilizando protocolos padrão. O perfil TLC dos três extractos foi efectuado utilizando procedimentos padrão. Verificou-se que o *Croton caudatus* contém alcalóides, fitoesteróis, saponinas, flobataninos, glicosídeos cardíacos, flavonóides, fenólicos e terpenóides. A presença de diferentes constituintes químicos foi indicada por diferentes valores Rf em vários sistemas de solventes.



**Palavras-chave**: *Croton caudatus*, alcalóides, fitoesteróis, saponinas, flobataninos, glicosídeos cardíacos e flavonóides.


### 1. INTRODUÇÃO

O registo escrito mais antigo da utilização de plantas como medicamentos encontra-se na antiga escritura hindu, o Rig Veda, que remonta a 3500 a.C. a 1800 a.C. O Atharva veda (1200 a.C.), o Charak Samhita e o Shusrut Samhita (1000-500 a.C.) são os principais textos clássicos que fornecem uma descrição pormenorizada de mais de 700 ervas (Dash e Sharma, 2001). A prescrição médica escrita mais antiga conhecida tem cerca de quatro mil anos. As tábuas de argila da Suméria descrevem remédios para várias doenças (Kong *et al.,* 2003). Durante este período, a planta mandrágora era prescrita para o alívio da dor, a curcuma para a coagulação do sangue, as raízes da planta endívia para o tratamento de perturbações da vesícula biliar e o alho cru para perturbações circulatórias.

A utilização da medicina alternativa e complementar recebeu um impulso quando a OMS reconheceu estes sistemas como um dos métodos de cuidados de saúde humanos na primeira década deste século (OMS, 2002). A popularidade dos medicamentos à base de plantas tem vindo a aumentar em todo o mundo devido ao reconhecimento crescente de que os produtos naturais são menos tóxicos e não têm quaisquer efeitos secundários conhecidos ou são menos tóxicos do que os medicamentos sintéticos devido à sua origem biológica. A utilização de plantas como fonte na medicina moderna foi reconhecida no início do século XIX, o que resultou no isolamento da morfina do ópio (Kinghorn, 2001). Desde então, vários compostos têm sido isolados para os cuidados de saúde humanos a partir de recursos naturais, incluindo plantas (Cragg e Newman, 2013). O isolamento e a caraterização de compostos farmacologicamente activos a partir de plantas medicinais continuam até hoje, na esperança de encontrar melhores medicamentos não tóxicos para a cura de vários distúrbios de saúde nos seres humanos. Isto resultou na aplicação de técnicas de ponta para padronizar os medicamentos à base de plantas e isolar moléculas bioactivas que podem servir como marcadores analíticos. O sucesso da descoberta de medicamentos a partir de plantas resultou principalmente no desenvolvimento de agentes anticancerígenos e antibacterianos (Cragg e Newman, 2013).

O *Croton caudatus* Geiseler (família Euphorbiaceae) tem sido tradicionalmente utilizado para cuidados de saúde humanos. É utilizado como cataplasma para a febre e entorses em várias partes da Ásia. É também útil no tratamento de doenças do fígado. As suas raízes são purgativas. A planta inteira é utilizada para fins medicinais e tem baixa toxicidade (Lin *et al*, 2003). *Croton caudatus* está bastante difundido no Sudeste Asiático e encontra-se no Sri Lanka, Butão, Bornéu, Birmânia, região Indo-Myanmar, Java, Laos, Malásia, Nepal, Paquistão, Filipinas, Singapura, Sumatra, Tailândia e Vietname. Os Chin-Kuki, habitantes de Manipur e Mizoram, utilizam *o Croton caudatus* Geiseler para cuidados de saúde desde há muito tempo. *O Croton caudatus* Geiseler é um medicamento tradicional Dai nacionalista em que os seus caules e folhas têm sido utilizados para o tratamento da malária, febre ardente, convulsões, artrite reumática e dormência (Jiangsu New Medical College, 1975). É um dos constituintes do Qi Wei Ke Teng Zi Wan, uma fórmula famosa utilizada pela nacionalidade Dai da China para o tratamento de dores e doenças do estômago (Comissão da Farmacopeia da República Popular da China, 2005). As folhas têm sido aplicadas em feridas purulentas de tartarugas feridas para as proteger das larvas. Na língua Hmar, é designada por "Ranlung damdawi" (Ranlung = verme, damdawi = medicamento), na língua Manipuri "Yong Khullokpi e Khagi laikoi" e em Thadou-Kuki "Ganthan lou". A administração oral do sumo/extrato foi experimentada pela primeira vez em Saikot, no distrito de Churachandpur, em Manipur, pelo próprio Sr. Chawilen, pelo que é também conhecida como "Chawilen damdawi" em sua homenagem e é também tradicionalmente conhecida como "Kam-Sabut". Cresce normalmente em pântanos de turfa, florestas de folha caduca e florestas de folha persistente de dossel espesso. Por vezes, cresce perto de zonas marginais ao longo de rios ou riachos. Devido à sua utilização generalizada nesta parte da Índia como medicina tradicional, o presente estudo foi realizado para investigar os fitoquímicos presentes no *Croton caudatus in vitro*.

## 2. MATERIAIS E MÉTODOS

### 2.1 Experimental

O *Croton caudatus* foi colhido e o seu extrato de etanol foi analisado quanto à presença de vários fitoquímicos, conforme descrito abaixo:-

### 2.2 Recolha e extração

As folhas maduras não infectadas de *Croton caudatus* Geiseler (família Euphorbiaceae) foram colhidas em Saikot, distrito de Churachandpur, Manipur, durante a estação seca. A planta foi identificada pelo Professor Kumar Singh, um conhecido taxonomista da Universidade de Manipur, Imphal, Índia, tendo sido posteriormente autenticada pelo Botanical Survey of India (BSI), Shillong. Foi registada sob o número ACC 96367 do BSI, Shillong.

As folhas limpas e não infectadas foram colocadas em tabuleiros de aço inoxidável e deixadas secar à sombra, à temperatura ambiente e no escuro, em condições limpas e higiénicas para evitar a entrada de insectos, animais, fungos e materiais terrestres estranhos. Foi permitida a exaustão e a livre circulação de ar. As folhas secas foram trituradas num moinho à temperatura ambiente. Uma amostra de 100 g de pó de folhas foi extraída sequencialmente com clorofórmio, etanol e água num aparelho de Soxhlet (Suffness e Dorous, 1979).

O extrato foi então concentrado até à secura sob pressão reduzida e armazenado a -80° C até nova utilização. Obteve-se um rendimento aproximado de 26%.

**2.3 Rastreio fitoquímico:** O rastreio fitoquímico do extrato foi efectuado em vários extractos para detetar a presença de vários fitoquímicos utilizando os procedimentos padrão descritos abaixo.

**Alcalóides**: 0,5 g de extrato foram dissolvidos em 10 ml de álcool acidificado, fervidos e filtrados e a 5 ml do filtrado foram adicionados 2 ml de amoníaco diluído, seguidos da adição de 5 ml de clorofórmio. A mistura foi agitada suavemente para extrair a base alcaloide. A camada de clorofórmio foi novamente extraída com 10 ml de ácido acético e dividida em duas partes. Adicionou-se o reagente de Mayer a uma parte e o reagente de Draggendorff à outra. A formação de um precipitado cremoso (reagente de Mayer) ou castanho-avermelhado (reagente de Draggendorffs) indica a presença de alcalóides (Harborne, 1998; Doughari, 2012). De igual modo, foram adicionados aos outros dois tubos os reagentes de Hager e de Wagner. Os precipitados amarelo e castanho indicaram a presença de alcalóides no extrato etanólico de *Croton caudatus*.

**Taninos**

Cerca de 0,5 g de amostras secas em pó foram fervidas em 20 ml de água num tubo de ensaio e filtradas. Foram adicionadas algumas gotas de cloreto férrico a 0,1% ao filtrado. A formação de uma cor verde acastanhada ou azul-preta indicou a presença de taninos (Harborne, 1998; Doughari, 2012).

**Flobataninos**

O extrato aquoso de *Croton caudatus* foi fervido com ácido clorídrico aquoso a 1% e a deposição de um precipitado vermelho indicou a presença de flobataninos (Harborne,

1998; Doughari, 2012).

**Saponinas**

Em geral, 2 g de amostra em pó foram fervidos com 20 ml de água destilada num banho de água durante 10 minutos e filtrados a quente e arrefecidos antes da realização dos seguintes ensaios:

***Formação de espuma*:** 3 ml de filtrado foram diluídos até 10 ml com água destilada e agitados vigorosamente durante 2 minutos. A formação de uma espuma bastante estável indica a presença de saponinas no filtrado.

***Emulsificação:*** Foram adicionadas 3 gotas de azeite à solução obtida diluindo 3 ml de filtrado em 10 ml de água destilada e agitou-se vigorosamente durante alguns minutos. A formação de uma emulsão bastante estável indica a presença de saponinas (Trease e Evans 1989; Harborne, 1998; Doughari, 2012).

**Flavonóides**

A presença de flavonóides foi determinada em todos os extractos utilizando três métodos diferentes (Sofowara, 1993; Harbrone, 1998; Doughari, 2012). Foram adicionados 5 ml de solução de amoníaco diluído a uma porção do filtrado aquoso de cada extrato de planta, seguido da adição de $H_2SO_4$ concentrado. O aparecimento de uma cor amarela (que desaparece ao repousar) em cada extrato indica a presença de flavonóides.

Adicionaram-se algumas gotas de solução de alumínio a 1% a uma porção de cada filtrado. A cor amarela indica a presença de flavonóides.

Uma porção de cada pó de planta foi aquecida com 10 ml de acetato de etilo num banho de vapor durante 3 minutos. A mistura foi filtrada e 4 ml do filtrado foram agitados com 1 ml de solução de amoníaco diluída. Uma cor amarela indicou a presença de flavonóides.

**Esteróides**

A presença de esteróides foi determinada pela adição de 2 ml de anidrido acético a 0,5 g de extrato etanólico de cada amostra, seguida da adição de 2 ml de ácido sulfúrico. A mudança da cor violeta para azul ou verde em algumas amostras indicou a presença de esteróides (Harborne, 1998; Doughari, 2012).

**Terpenóides**

Quatro miligramas de extrato de planta foram tratados com 0,5 ml de anidrido acético e 0,5 ml de clorofórmio, seguidos da adição lenta de ácido sulfúrico concentrado. O desenvolvimento de cor vermelha violeta ou azul indicou a presença de terpenóides (Harborne, 1998; Doughari, 2012).

**Teste de Salkowski:** Cinco ml de cada extrato foram misturados com 2 ml de clorofórmio, com uma cuidadosa sobreposição de 3 ml de ácido sulfúrico concentrado. A formação de um precipitado castanho-avermelhado na interface indica a presença de terpenóides (Harborne, 1998).

**Glicosídeos cardíacos (teste de Keller-Killani)**

Em geral, 5 ml de cada extrato foram tratados com 2 ml de ácido acético glacial contendo uma gota de solução de cloreto férrico com uma camada inferior de 1 ml de ácido sulfúrico concentrado. O aparecimento de um anel castanho na interface indicou a presença de desoxi-açúcar, que é uma caraterística dos cardenolídeos (Harborne, 1998; Doughari, 2012).

**2.4 Determinação quantitativa dos fitoquímicos Alcalóides:**

Pesaram-se 5 g de pó de folhas de *Croton caudatus* num copo de 250 ml e adicionaram-se 200 ml de ácido acético a 10% em etanol. O frasco foi tapado, deixado em repouso durante 4 horas e filtrado. O filtrado foi concentrado num banho de água até um quarto do volume original e a este foi adicionado hidróxido de amónio concentrado, gota a gota, até à precipitação completa. Deixou-se assentar toda a solução e recolheu-se o precipitado, que foi lavado com hidróxido de amónio diluído e filtrado. O resíduo continha os alcalóides, que foram secos e pesados (Harborne, 1998).

**Flavonóides:** 10 g de pó de folhas de *Croton caudatus* foram extraídos repetidamente com 100 ml de metanol aquoso a 80% à temperatura ambiente. A solução completa foi filtrada com papel de filtro Whatman n.º 42 (125 mm). O filtrado foi posteriormente transferido para um cadinho, evaporado até à secura num banho de água e pesado (Bohm e Kocipai-Abyazan, 1994).

### 2.5 Determinação do teor de humidade:

A determinação da quantidade de matéria volátil (isto é, a água que se desprende da droga) na droga é uma medida da perda após secagem de substâncias que parecem conter água como único constituinte volátil. As folhas em pó de *Croton caudatus* foram pesadas com precisão, colocadas (sem secagem preliminar) numa placa de evaporação alcatroada, secas a 105° C durante 5 horas e pesadas novamente. A percentagem de humidade foi calculada em relação ao peso inicial. O teor de humidade foi calculado através da seguinte fórmula

$$\text{Moisture content} = \frac{\text{Pw-Fw x 100}}{\text{W}}$$

Onde Pw = Amostra previamente pesada

Fw = Peso final da amostra seca

W = Peso total da amostra

**Valores de cinzas:** Os valores de cinzas, incluindo as cinzas totais e insolúveis em ácido, foram determinados para estimar a quantidade total de sais inorgânicos presentes no medicamento. O conteúdo de cinzas remanescente após a ignição do material vegetal foi determinado por dois métodos diferentes para medir os conteúdos de cinzas totais e insolúveis em ácido.

**Cinzas totais:** O método mede a quantidade total de material remanescente após a ignição, incluindo tanto a "cinza fisiológica", derivada do próprio tecido vegetal, como a "cinza não fisiológica", que é o resíduo da matéria estranha (por exemplo, areia e solo) aderente à superfície da planta.

**Procedimento:** Dois gramas de material seco e moído de *Croton caudatus* foram pesados com precisão num cadinho previamente inflamado e alcatroado. O material foi espalhado como uma camada uniforme e inflamado aumentando gradualmente a temperatura até 500-600oC até se tornar branco, indicando a ausência de carbono. O cadinho foi arrefecido e pesado. A percentagem do teor total de cinzas foi calculada de acordo com a seguinte fórmula

Arrefeceram e pesaram. A percentagem do teor total de cinzas foi calculada de acordo com a seguinte fórmula

$$\text{Total ash content} = \frac{\text{Pw-Fw x 100}}{\text{W}}$$

Onde Pw = Cadinho previamente tarado

Fw = Peso final do cadinho com cinzas

W = Peso total do material vegetal em pó

**Cinzas insolúveis em ácido:** O resíduo obtido após a ebulição da cinza total foi diluído com ácido clorídrico e inflamado. A matéria insolúvel remanescente após a ignição foi medida como a presença de sílica.

**Procedimento:** Adicionaram-se 25 ml de ácido clorídrico ao cadinho que continha as cinzas totais, cobriu-se com um vidro de relógio e ferveu-se suavemente durante 5 minutos, seguindo-se a adição de 5 ml de água quente ao cadinho. As matérias insolúveis foram recolhidas num papel de filtro sem cinzas e lavadas com água quente até o filtrado se tornar neutro. O papel de filtro contendo as matérias insolúveis foi transferido para o cadinho original, seco numa placa quente e incendiado. Deixar arrefecer o cadinho num exsicador adequado durante 30 minutos e pesar imediatamente o resíduo. A quantidade de cinzas insolúveis em ácido foi calculada em mg/g de material seco ao ar de acordo com a fórmula

$$\text{Acid insoluble ash contents} = \frac{\text{Pwb-Fwa x 100}}{\text{W}}$$

Onde Pwb = Peso final do cadinho com cinzas totais

Fwa = Peso final do cadinho com cinzas insolúveis em ácido

W = Peso total do material vegetal em pó.

**Valores de extração:** Estes valores são utilizados para determinar a quantidade de matéria solúvel nos solventes utilizados, incluindo o álcool e a água. A percentagem de extractivos solúveis em álcool e em água foi calculada e utilizada como padrão.

## 2.6 Determinação do extrato solúvel em álcool:

**Procedimento:** Cinco gramas de material seco ao ar e em pó grosseiro foram macerados em 100 ml de álcool num frasco cónico fechado durante vinte e quatro horas, com agitação frequente durante as primeiras seis horas, e deixados em repouso durante as dezoito horas seguintes, após o que foram filtrados rapidamente com cuidado para evitar a perda de solvente. Os 25 ml do filtrado foram evaporados até à secura a 105° C num recipiente raso de fundo plano alcatroado e pesados. A percentagem de extrato solúvel em álcool foi calculada em relação ao material seco ao ar.

## 2.7 Determinação do extrato solúvel em água

**Procedimento:** Cinco gramas de material seco ao ar, em pó grosseiro, foram macerados em 100 ml de clorofórmio-água (0,1%) num balão fechado durante 24 horas, agitando-se frequentemente até às seis horas e deixando-se repousar durante mais dezoito horas. Em seguida, filtrou-se rapidamente, com precauções para evitar a perda de solvente por evaporação. Os 25 ml de filtrado foram evaporados até à secura a 105oC num recipiente raso de fundo plano alcatroado e pesados. A percentagem de extrato solúvel em água foi calculada com referência ao material seco ao ar. Todos os testes foram efectuados em triplicado.

## 2.8 Análise TLC:

A TLC é uma técnica simples e rápida capaz de determinar o número de componentes presentes numa solução e ajuda a encontrar um solvente adequado para separar os componentes por cromatografia em coluna, bem como para monitorizar o progresso das reacções. O extrato etanólico foi colocado numa série de placas TLC (Merck India, Mumbai) com 1 mm de diâmetro acima do fundo das placas e colocado em diferentes fases móveis. Os extractos foram deixados a mover-se na fase adsorvente (estacionária) de acordo com o sistema de solventes utilizado. Foram avaliadas várias combinações de solventes de polaridade crescente como fase móvel para a execução de TLC para determinar o número de compostos presentes em diferentes extractos de *Croton caudatus*. Os diferentes sistemas de solventes foram utilizados como fase móvel para TLC, que consistiu em n-hexano (n HX) : acetato de etilo (EtOAc) (7:3), hexano ; acetato de etilo (9:1), benzeno ($C_6H_6$) : acetona ($Me_2CO$)(9.5:0.5), clorofórmio ($CHCl_3$) : metanol (MeOH) (3:2), diclorometano (DCM) : metanol (MeOH) (8:2), diclorometano (DCM)/metanol (MeOH) (9:1), clorofórmio : metanol : ácido acético (3:1.5:0.5), clorofórmio : acetato de etilo (9:1), éter de petróleo : acetato de etilo (3:2), combinações de solventes tolueno : clorofórmio (3:2). A medida da distância percorrida por um composto é considerada como o valor Rf. Em cada caso, as manchas foram visualizadas sob luz UV.

## 3. RESULTADOS

Os resultados das análises fitoquímicas de *Croton caudatus* são apresentados no Quadro 1-5 e nas Figuras 1-4.

### 3.1 Extração e análise fitoquímica

A secagem de 25 kg de folhas de *Croton caudatus* produziu 20 kg de folhas secas, e esta redução de peso deveu-se a uma perda de ≈ 20% no seu conteúdo de água (Quadro 1). A análise das folhas secas de *Croton caudatus* revelou a presença de 9,6% de humidade; 11,65% de cinzas totais; 6,3% de cinzas insolúveis em ácido; 5,95% de cinzas insolúveis em água; 4,14% de extractivos solúveis em etanol e 14,8% de extractivos solúveis em água (quadro 2).

A extração de 10 kg de pó de folhas secas produziu 676 g de extrato clorofórmico, 750 g de extrato etanólico e 800 g de extrato aquoso, respetivamente (Quadro 3).

Quadro 1. Percentagem de perda por secagem das folhas frescas de *Croton caudatus*

| Peso antes da secagem (kg) | Peso após secagem (kg) | Perda após secagem (%) |
|---|---|---|
| 25.00 | 20.0 | 20 |

Quadro 2. Parâmetros físico-químicos do pó de folhas secas de *Croton caudatus*

| Humidade conteúdo | Cinzas totais | Cinzas insolúveis em ácido | cinzas insolúveis em água | Solúvel em etanol extrato | Solúvel em água extrato |
|---|---|---|---|---|---|
| 9.6% | 11.65% | 6.3% | 5.95% | 4.144% | 14.856% |

Quadro 3. Rendimento de vários extractos de pó de folhas secas de *Croton caudatus*

| Folhas pó (kg) | Clorofórmio extrato (Kg) | Acetato de etilo extrato (Kg) | Aquoso extrato (Kg) |
|---|---|---|---|
| 10 kg | 676 g | 750 g | 800 g |

Os rastreios fitoquímicos preliminares de diferentes extractos de *Croton caudatus* revelaram a presença de alcalóides, fitoesteróis, saponinas, flobataninos, glicosídeos cardíacos, flavonóides, fenólicos e terpenóides como entidades químicas, enquanto os taninos estavam completamente ausentes (Quadro 4, Figura 1). A determinação quantitativa dos constituintes químicos mostrou que *Croton caudatus* continha 0,14% ± 0,1 e 0,32% de alcalóides e flavonóides, respetivamente (Quadro 5).

Tabela 4. Resultados da análise fitoquímica das folhas de *Croton caudatus*.

| **Testes** | Extrato clorofórmico | Extrato etanólico | Extrato aquoso |
|---|---|---|---|
| **Esteróides** | + | + | + |
| **Triterpenóides** | + | + | + |
| **Fenóis** | + | + | + |
| **Flavonóides** | + | + | + |
| **Taninos** | | | |
| **Saponinas** | + | + | + |
| **Alcalóides** | + | + | + |
| **Cardie** | + | + | + |

| | | | |
|---|---|---|---|
| **Glicosídeos** | | | |
| **phlobatanins** | + | + | + |

Quadro 5. Determinação quantitativa dos constituintes químicos de *Croton caudatus.*

| **Planta** | **Alcalóides** | | | **Flavonóides** | | |
|---|---|---|---|---|---|---|
| *Croton caudado* | Quantidade colhida (g) | Saída (g) | Percentagem | Quantidade colhida (g) | Saída (g) | Percentagem |
| | 5 | 0.0068 | 0.136%±0.1 | 10 | 0.016 | 0.32% |

Figura 1: Perfil fitoquímico de vários extractos de folhas de *Croton caudatus* (CCE). Alcalóides (a-c) a: Dragendroff, b: Hager, c: Wagner, d: Taninos, e: Saponinas, f: Esteróides, g: Terpenóides, h = Salkowski, e i: Flavonóides

## 3.2 TLC

A avaliação de vários extractos de *Croton caudatus* mostrou a presença de diferentes componentes, conforme indicado por um número variável de manchas numa placa de TLC. Os perfis TLC estão representados nas (Figuras 2 a 4).

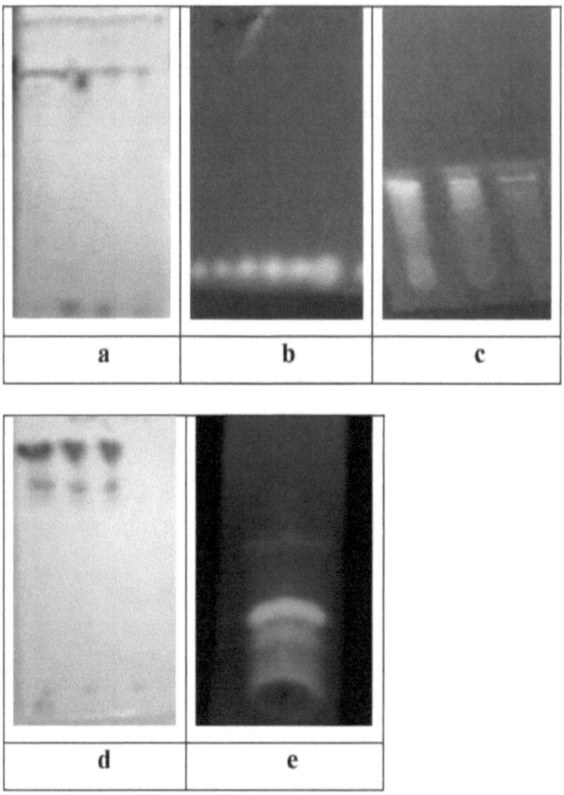


Figura 2: Perfil TLC do extrato clorofórmico das folhas de *Croton caudatus* utilizando o sistema de solventes. a: clorofórmio: metanol (8:2), b: clorofórmio: acetato de etilo (9:1), c: benzeno: acetona (9,5:0,5), d: clorofórmio: metanol: ácido acético (3;1,5:0,5) e e: diclorometano: metanol (9:1)

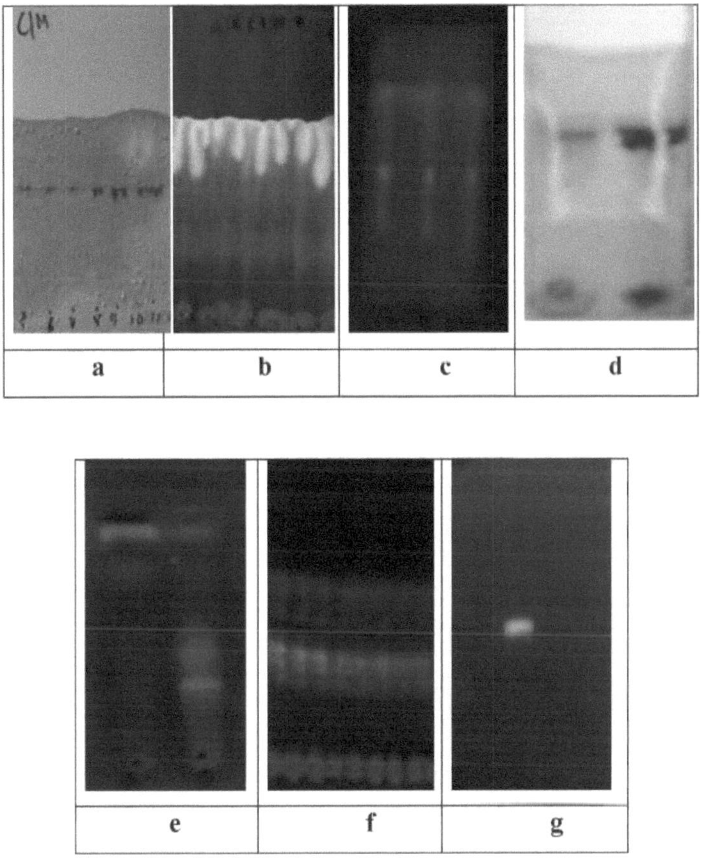


Figura 3: Perfil TLC do extrato de etanol das folhas de *Croton caudatus* em vários sistemas de solventes. a:clorofórmio: metanol (8:2), b:clorofórmio: acetato de etilo (9:1), c: benzeno:acetona (9.5:0.5), d:clorofórmio:metanol:ácido acético (3;1.5:0.5), e: diclorometano:metanol (9:1), f: éter de petróleo:acetato de etilo (3:2) e g:hexano:acetato de etilo (9:1).

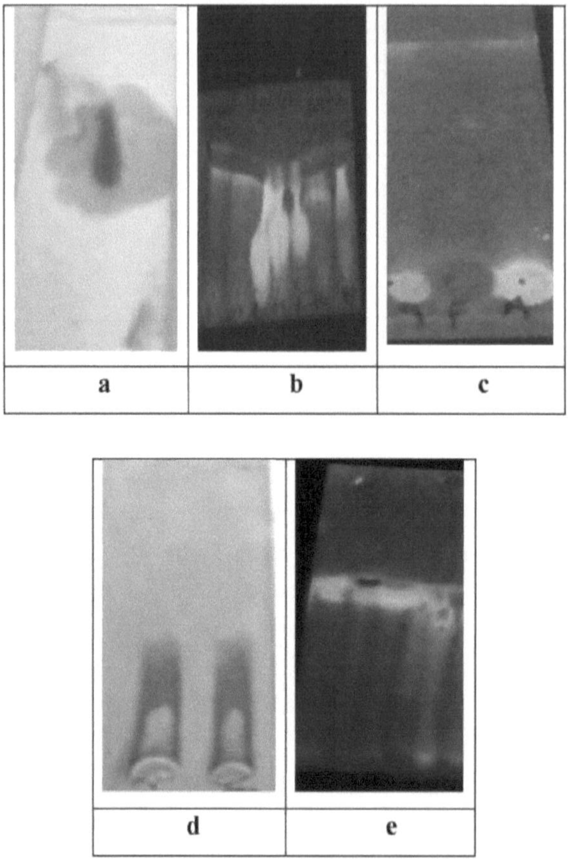


Figura 4: Perfil TLC do extrato de etanol das folhas de *Croton caudatus* em vários sistemas de solventes. a:clorofórmio: metanol (8:2), b:clorofórmio: acetato de etilo (9:1), c: benzeno:acetona (9.5:0.5), d:clorofórmio:metanol:ácido acético (3;1.5:0.5), e: diclorometano:metanol (9:1), f: éter de petróleo:acetato de etilo (3:2) e g:hexano:acetato de etilo (9:1).

## 4. DEBATE E CONCLUSÕES

As plantas são capazes de sintetizar várias moléculas complexas para a sua nutrição, combate ao stress, defesa e como subproduto do metabolismo. Estas moléculas são úteis como remédios para várias doenças humanas. A análise da fitoquímica das plantas desempenha um papel importante no desenvolvimento de medicamentos e também na química combinatória para a descoberta de novos medicamentos. A presença de diferentes fitoquímicos ou farmacóforos faz das plantas uma importante fonte de medicamentos para o tratamento de várias doenças humanas. As plantas contêm geralmente vários fitoquímicos, incluindo alcalóides, taninos, flavonóides e outros compostos polifenólicos, que se sabe exercerem uma ação fisiológica e bioquímica definida nos seres humanos após a sua administração (Hill, 1952). As plantas que contêm alcalóides têm desempenhado um papel fundamental no tratamento de diferentes doenças humanas desde o início da história da humanidade. Os alcalóides derivados de plantas têm sido utilizados para tratar o cancro na medicina moderna. Alguns dos alcalóides derivados de plantas que fizeram parte dos regimes de tratamento do cancro incluem alcalóides de vinca, taxens, podofilotoxinas, camtotecinas, etc. (Nicolaou *et al.*, 1994; Moudi *et al.,* 2013). Enquanto outros alcalóides, como a cocaína e a morfina, têm sido utilizados como anestésicos locais, estimulantes e para aliviar a dor (Rothman *et al.,* 2001; Karamese *et al.,* 2015). Do mesmo modo, a cafeína, a nicotina e o medicamento antimalárico quinino também actuam como estimulantes (Dani e Bertrand, 2007; Thompson e Lummis, 2008; Prasad, 2011).

O termo saponinas designa a capacidade destes produtos naturais para formar espuma em soluções aquosas. As saponinas são uma classe de triterpinoides presentes em várias plantas e consistem principalmente numa aglicona, designada genina ou sapogenina, ligada covalentemente a uma ou mais moléculas de açúcar. As saponinas são produzidas pelas plantas principalmente como arma de defesa contra agentes patogénicos e herbívoros. Atribui-se às saponinas diferentes actividades biológicas, incluindo fungicida, inseticida, alelopática e moluscicida (Aladesanmi, 2007; Sung *et al.,* 2008; Nielsen *et al.,* 2010). Foi relatado que as saponinas exercem actividades antibacterianas, antifúngicas e hemolíticas (Woldenmichael e Wink 2001; Tsuzuki *et al.,* 2007; Nagata *et al.*, 1985). As saponinas também foram 22

As saponinas possuem actividades imunoadjuvantes, antivirais, antifúngicas, antiprotozoárias, antioxidantes, anticarcinogénicas, imunoestimuladoras, hipoglicémicas e permeabilizantes da membrana (Khatuntseva *et al.*, 2012; Khan *et al.*, 2012). Verificou-se que as saponinas inibem a angiogénese e exercem atividade anticancerígena ao inibir o ciclo celular e ao induzir a apoptose em linhas celulares em cultura (Man *et al.,* 2010).

Os flavonóides são biomoléculas importantes sintetizadas pelas plantas para vários fins e mais de 6000 flavonóides diferentes foram identificados em diferentes plantas. Muitos dos flavonoides sintetizados pelas plantas são responsáveis pelas cores atractivas das flores, frutos e folhas (Panche et al., 2016). Os flavonóides desempenham diferentes papéis na ecologia das plantas e as catequinas e outros flavanóis actuam como defesa contra insectos nocivos para as plantas (Mazza e Miniati, 1993). Foi relatado que os flavonóides (tanto flavonóis como flavanóis) actuam como antioxidantes. As capacidades antioxidantes dos flavonóides in vitro podem ser mais fortes do que as da vitamina C e E, dependendo das concentrações testadas (Bagchi *et al*, 1999; Nijveldt *et al.,* 2001). Foi relatado que os flavonóides possuem actividades antimicrobianas, antifúngicas, anticancerígenas, antidiarreicas, anti-inflamatórias, antitrombogénicas, antiosteoporóticas, antivirais e radioprotectoras (Nijveldt *et al*, 2001; Jagetia e Reddy, 2002, 2005; Jagetia *et al.*, 2003; Jagetia e Venkatesh, 2005; Schuier *et al,* 2005; Cushnie e Lamb, 2005; de Sousa *et al.*, 2007; Cushnie e Lamb, 2011). Os flavonóides também actuam em sistemas enzimáticos criticamente envolvidos na iniciação e manutenção da resposta inflamatória. Foi relatado que os flavonóides inibem as actividades da acetiltransferase e da fosfolipase A2 (Yanoshita *et al.,* 1996; Lindahl e Tagesson, 1997; Manthey *et al.,* 2001) e também inibem a função plaquetária (Freedman *et al.,* 2001) e a expressão do gene da proteína de adesão da CE (Gerristein *et al.,* 1995). Foi referido que os flavonóides protegem contra o desenvolvimento da aterosclerose (Aviram e Fuhrman, 1998; Koga e Meydani, 2001).

As plantas sintetizam um conjunto diversificado de esteróides, que se verificou estarem presentes em todas as plantas. Verificou-se que os fitoesteróis possuem atividade hipoglicémica. Verificou-se que os fitoesteróis actuam como hormonas (Okwu, 2001). Esteróides em plantas modernas 23 estudos clínicos têm sido utilizados como agentes anti-inflamatórios e analgésicos (Singh, 2006). Foi relatado que os fitoesteróis exercem uma atividade hipocolesterolémica em seres humanos, reduzindo os níveis plasmáticos de colesterol LDL (Marangoni e Poli, 2010). Foi relatado que os fitoesteróis exercem actividades antineoplásicas, anti-inflamatórias e de alívio da dor (Ongoka *et al.*, 2008; Woyengo *et al.*, 2009; Aldini *et al.*, 2014). Verificou-se também que os fitoesteróis são activos contra a obesidade e previnem a aterosclerose (Schonfeld, 2010; Furlan *et al.*, 2013).

Os glicosídeos cardíacos são fitoquímicos que estão presentes nas plantas. Geralmente contêm uma ou mais porções de açúcar com um álcool, um fenol ou uma molécula complexa, como um núcleo esteroide. A fração não açucarada ou glicona é também designada por genina (Hollman, 1985). Os glicosídeos cardíacos têm sido utilizados como medicamentos para tratar doenças cardíacas, como a insuficiência cardíaca e a arritmia auricular (Prassas e Diamandis, 2008). Actuam através da inibição da Na+/K+-ATP ase. Foi relatado que os glicosídeos cardíacos exerciam um efeito anticancerígeno já em 1967 e que eram activos contra uma grande variedade de cancros, incluindo o da mama, da próstata, do melanoma, do pâncreas e do pulmão e a leucemia, o neuroblastoma e o adenocarcinoma renal (Prassas e Diamandis, 2008). Os ensaios clínicos indicaram que a administração de glicosídeos cardíacos, digoxina, juntamente com quimioterapia teve um impacto positivo na sobrevivência global nas coortes de pacientes com carcinoma da mama, colorrectal, cabeça e pescoço e hepato-celular (Menger *et al.*, 2012). Foi relatado que os glicosídeos cardíacos são citotóxicos nas linhas celulares de cancro do cólon HT29, HCT116 e CC2 (Felth *et al.*, 2009).

Tradicionalmente *Croton caudatus* Geiseler var. *tomentosus* tem sido usado para o tratamento da malária, febre ardente, convulsões, artrite reumática e dormência (Jiangsu New Medical College, 1975). As folhas também são administradas para matar os vermes dos porcos e das tartarugas (Sawmliana, 2003). Investigações adicionais sobre os constituintes químicos desta espécie levaram agora ao isolamento de uma nova flavona 1, juntamente com nove conhecidas (Zou *et al*, 2010). A presença de vários fitoquímicos, incluindo alcalóides, fitoesteróis, saponinas, flobataninos, glicosídeos cardíacos, flavonóides, fenólicos e terpenóides, pode ser responsável pelas várias actividades medicinais do *Croton caudatus*, que é tradicionalmente utilizado para tratar vários problemas de saúde.

## CONCLUSÕES

A análise fitoquímica e o perfil TLC de vários extractos de *Croton caudatus* revelaram que contém alcalóides, fitoesteróis, saponinas, phlobatannins, glicosídeos cardíacos, flavonóides, fenólicos e terpenóides e a atividade medicinal desta planta pode dever-se à presença de um ou mais destes fitoquímicos ou também à ação concertada de todos estes farmacóforos.

## 5. REFERÊNCIAS


1 . Aladesanmi, AJ (2007) *Tetrapleuratetraptera*: atividade moluscicida e constituintes químicos.AfrJ Tradit Complement Altern Med 4: 23-36

2 . Aldini R, Micucci M, Cevenini M et al (2014) Efeito anti-inflamatório dos fitoesteróis no modelo experimental de colite murina: estudo de prevenção, indução e remissão. PLoS ONE 9(9): e108112

3 . Bagchi M, Milnes M, Williams C et al (1999) Lesão gastrointestinal oxidativa aguda e crónica induzida pelo stress em ratos e a capacidade protetora de um novo extrato de proantocianidina de grainha de uva. Nutrition Res 19: 1189-1199

4 . Boham BA, Kocipai-Abyazan R (1974) Flavonóides e taninos condensados de folhas de *Vacciniumvaticulatum* e *V. calycinium* do Havai. Pacific Sci 48: 458463

5 . Cragg GM, Newman DJ (2013) Natural products: a continuing source of novel drug leads. Biochim Biophys Ata 1830: 3670-3695

6 . Cushnie TP, Lamb AJ (2005) Antimicrobial activity of flavonoids (atividade antimicrobiana dos flavonóides). J. Int. Agentes Antimicrobianos 26: 343-356

7 . Cushnie TP, Lamb AJ (2011) Avanços recentes na compreensão das propriedades antibacterianas dos flavonóides. Int J Antimicrob Agents 38: 99-107

8 . Dani JA, Bertrand D (2007) Nicotinic acetylcholine receptors and nicotinic

cholinergic mechanisms of the central nervous system Ann Rev Pharmacol Toxicol 47:699-729

9 . Dash B, Sharma BK (2001) Charak Samhita. Chaukhamba Sanskrit Series Office, Varanasi, Índia

10 Doughari JH (2012) Phytochemicals: métodos de extração, estruturas básicas e modo de ação como potenciais agentes quimioterapêuticos, fitoquímicos - Uma perspetiva global do seu papel na nutrição e saúde. Dr. Venketeshwer Rao (Ed.), In Tech, Rijeka, Croácia

11 Felth J, Rickardson L, Rosén J et al (2009) Efeitos citotóxicos dos glicosídeos cardíacos em células de cancro do cólon, isoladamente e em combinação com medicamentos quimioterapêuticos padrão J Nat Prod 72 (11):1969-1974.

12 Freedman JE, Parker C, Li L et al (2001) Select flavonoids and whole juice from purple grapes inhibit platelet function and enhance nitric oxide release. Circulação 103: 2792-2798

13 Furlan CPB, Marques AC, Marineli RS et al (2013) O ácido linoleico conjugado e os fitoesteróis neutralizam a obesidade induzida por uma dieta rica em gordura. Food Res Int 51: 429435.

14 Gerritsen ME, Carley WW, Ranges GE et al (1995) Os flavonóides inibem a expressão do gene da proteína de adesão das células endoteliais induzida por citocinas. Am J Pathol 147: 278292

15 Harborne JB (1998) Phytochemical Methods A Guide to Modern Techniques of Plant Analysis. London. Chapman and Hall, Ltd: 1-129

16 Hill AF (1952) Economic Botany. A textbook of useful plants and plant products.2nd edn. McGraw-Hill Book Company Inc, Nova Iorque

17 Jagetia GC, Reddy TK (2002) A flavanonenaringina da toranja protege contra a instabilidade genómica induzida pela radiação na medula óssea dos ratos: um estudo de micronúcleos. Mutat Res 519: 37-48

18 Jagetia GC, Reddy TK (2005) Modulação da alteração induzida pela radiação no estado antioxidante dos ratos pela naringina. Ciências da Vida 77: 780-794

19 Jagetia GC, Venkatesha VA (2005) Efeito da mangiferina na formação de micronúcleos induzida pela radiação em cultura de linfócitos do sangue periférico humano. Environ Mol Mutagen 46: 12-21

20 Jagetia GC, Venkatesha VA, Reddy TK (2003) A naringina, uma flavonona dos citrinos, protege contra os danos cromossómicos induzidos pela radiação na medula óssea do rato. Mutagénese 18: 337-343

21 Jiangsu New Medical College (1975) Dictionary of Traditional Chinese Medicine; Shanghai Science and Technology Press: Xangai, China, p. 447

22 Karamese M, Akdag O, Kara i, et al (2015) A comparação de morfina intratecal e morfina IV PCA no controlo da dor, satisfação do doente, consumo de morfina e efeitos adversos em doentes submetidos a mamoplastia de redução. Plasty 15:e15

23 Khan AAMM, Naqvi TS, Naqvi MS (2012) Identificação de fitosaponinas como novos agentes biodinâmicos: Uma visão geral actualizada Asian J Exp Biol Sci 3(3) : 459-467

24 . Khatuntseva EA, Men'shov VM, Shashkov AS et al (2012) Triterpenoidsaponins das raízes de *Acanthophyllumgypsophiloides* Regel. Beilstein J Org Chem 8: 763-77.

25 Kinghorn AD (2001) Pharmacognosy in the 21st century (Farmacognosia no século XXI). J Pharm Pharmacol 53 (2): 135-148.

26 Koga T, Meydani M (2001) Effect of plasma metabolites of (+)-catechin and quercetin on monocyte adhesion to human aortic endothelial cells. Am J Clin Nutr 73: 941-948

27 Kong JM, Goh NK, Chia LS et al (2003) Recent advances in traditional plant drugs and orchids. Ata Pharmacol Sin 24: 7-21

28 Lin Y, Yi Z, Zhao Y (2003) Chinese Dai Medicine Colorful Illustrations. Yunnan Nationality Press, Kunming. Medicine; Shanghai Science and Technology Press:

Xangai, China: 447

29 Lindahl M, Tagesson C (1997) Flavonoids as phospholipase A2 inhibitors: importance of their structure for selective inhibition of group II phospholipase A2. Inflamação 21: 347-356

30 Man S, Gao W, Zhang Y et al (2010) Estudo químico e aplicação médica de saponinas como agentes anti-cancerígenos. Fitoterapia 81(7):703-714

31 Manthey JA, Grohmann K, Guthrie N (2001) Biological properties of citrus flavonoids pertaining to cancer and inflammation. Curr Med Chem 8: 135-153

32 Marangoni F, Poli A (2010) Phytosterols and cardiovascular health. Pharmacol Res 61: 193-199

33 . Menger L, Vacchelli E, Adjemian S et al (2012) Os glicosídeos cardíacos exercem efeitos anticancerígenos através da indução de morte celular imunogénica. Sci Transl Med. 18: 4 (143)

34 Moudi M, Go R, Yien CY et al (2013) Vinca alkaloids. Int J Prev Med 4: 12311235

35 Nagata T, Tsushida T, Hamaya E et al (1985) Camellidins, antifungal saponins isolated from Camellia japonica. Agric Biol Chem 49: 1181

36 Nicolaou KC, Yang Z, Liu JJ et al (1994) Total synthesis of taxol. Natureza 367: 630-634

37 Nielsen JK, Nagao T, Okabe H et al (2010) Resistência na planta, Barbareavulgaris, e contra-adaptações em escaravelhos mediados por saponinas. J Chem Ecol 36: 277-285

38 Nijveldt RJ, van Nood E, van Hoorn DEC et al (2001) Flavonoids: a review of probable mechanisms of action and potential applications. Am J Clin Nutr 74:418-25

39.Okwu DE (2001) Evaluation of the chemical composition of indigenous spices and flavouring agents (Avaliação da composição química de especiarias e agentes aromatizantes indígenas). Global J Pure and Appd Sci 7(3): 455-459

1 0.Ongoka, PR, Banzouzi JT, Poupat C et al (2008) Esteróides isolados de Millettiaversicolor Baker (Fabaceae). African J Biotechnol 7 (11): 1727-1730

41 Panche AN, Diwan AD, Chandra SR. 2016) Flavonoids: an overview. J Nutr Sci. 5: e47.

42 Persad LAB (2011) Energy drinks and the neurophysiological impact of caffeine (Bebidas energéticas e o impacto neurofisiológico da cafeína). Front. Neurosci 5 : 116

43 Pharmacopoeia Commission of People's Republic of China (2005) Pharmacopoeia of the People's Republic of China; Chemical Industry Press: Pequim, China, Volume I, p. 306

44 Prassas I, Diamandis EP (2008) Novel therapeutic applications of cardiac glycosides Nat Rev Drug Discov 7(11):926-935

45 Rothman RB, Baumann MH, Dersch CM et al (2001) Os estimulantes do sistema nervoso central do tipo anfetaminas libertam norepinefrina mais potentemente do que libertam dopamina e serotonina: 32-40

46 Sawmliana M (2003) The Book of Mizoram plants First ed., Lois Bet, Chandmari, Aizawll. Lois Bet, Chandmari, Aizawl

47 Schonfeld G (2010) Plant sterols in atherosclerosis prevention Am J Clin Nutr 92:3-4

48 Schuier M, Sies H, Illek B et al (2005) Os flavonóides relacionados com o cacau inibem o transporte de cloreto mediado por CFTR nos epitélios do cólon humano T84. J Nutr 135: 23202325

49 Siasos G, Tousoulis D, Tsigkou V et al (2013) Flavonóides na aterosclerose: uma visão geral dos seus mecanismos de ação. Curr Med Chem 20(21):2641-2660

50 Singh AP (2006) Breve revisão da distribuição de compostos semelhantes a esteróides na flora vegetal. Revista Pharmacognosy 2: 87-89

51 Sofowara A (1993) Medicinal plants and Traditional medicine in Africa (Plantas medicinais e medicina tradicional em África). Spectrum Books Ltd, Ibadan, Nigéria.

pp289

52 Suffness M, Douros J (1979) Drogas de origem vegetal. Em Methods in cancer Research. ED, De Vita VT. Vol: 16, Nova Iorque, EUA 73-94.

53 Sung WS, Lee DG (2008) Ação candidacida in vitro das saponinas do ginseng vermelho coreano contra Candida albicans. Biol Pharm Bull 31: 139-142

54 Thompson AJ, Lummis SCR (2008) Os medicamentos antimaláricos inibem os receptores 5-HT3 e GABAA humanos, mas não os receptores GABAC Brit J Pharmacol 153: 1686-1696

55 Trease GE, Evans WC (1989) Pharmacognsy. 11th edBrailliarTiridel Can. McMillian publishers

56 .Tsuzuki JK, Svidzinski TIE, Shinobu CS et al (2007) Atividade antifúngica dos extratos e saponinas de *Sapindussaponaria* L. Ann Braz Acad Sci 79(4): 577583

57 Wolden michael GM, Wink M (2001) Identification and biological activities of triterpenoidsaponins from Chenopodiumquinoa. J Agric Food Chem 49(5):2327- 2332

58 Organização Mundial de Saúde (2002) *Traditional medicine strategy 20022005 (*Genebra: OMS, 2002)

59 Woyengo TA, Ramprasath VR, Jones PJ (2009) Anticancer effects of phytosterols. Eur J Clin Nutr 63(7):813-820

60 Yanoshita R, Chang HW, Son KH et al (1996) Inibição da atividade da liso-PAFacetiltransferase por flavonóides. Inflamm Res 45: 546-549

61 .Zou GA, Su ZH, Zhang HW et al (2010) Flavonóides dos caules de *Croton caudatus* Geisel. var. tomentosus Hook. Moléculas 15: 1097-1102

## Capítulo III

## Avaliação do potencial antioxidante dos extractos de folhas de *Croton caudatus in vitro*

### RESUMO

Os radicais livres têm sido implicados em várias doenças, incluindo o cancro, e os agentes que inibem a formação de radicais livres ou eliminam os radicais livres podem ser de grande utilidade para reduzir o stress oxidativo induzido pelos radicais livres nos seres humanos. O presente estudo foi realizado para estudar a atividade antioxidante do *Croton caudatus* in vitro. As folhas de *Croton caudatus* foram colhidas, secas à sombra, transformadas em pó e extraídas sequencialmente em clorofórmio, etanol e água. A atividade antioxidante de vários extractos foi avaliada pela sua capacidade de inibir a geração de DPPH, hidroxilo (• OH), superóxido ($O_2^{\cdot -}$) e óxido nítrico (NO•) e radicais livres FRAP in vitro. O conteúdo total de flavonóides e fenóis totais também foi determinado para compreender o seu potencial na eliminação de radicais livres. Os extractos clorofórmico, etanólico e aquoso de *Croton caudatus* mostraram uma inibição dependente da concentração dos radicais livres DPPH, OH, $O_2^{\cdot -}$, NO• e FRAP. Observou-se uma inibição máxima dos radicais livres DPPH e FRAP a 2000 µg/ml, ao passo que os radicais' O Hand $O_2^{\cdot -}$ foram inibidos ao máximo a uma concentração de 3000 µg/ml e 5000 µg/ml, respetivamente. Do mesmo modo, foi observada uma maior inibição dos radicais livres NO• a uma concentração de 3500 iig/ml para todos os extractos avaliados. A quantidade mais elevada de fenóis e flavonóides totais foi determinada para 2000 e 4000Lg/ml para todos os extractos. Vários extractos de *Croton caudatus* inibiram a geração de radicais DPPH,' OH, $O_2^{\cdot -}$, NO' e FRAP de uma forma dependente da concentração, o que pode ser devido à presença de vários polifenóis.

**Palavras-chave:** *Croton caudatus*, radicais livres, DPPH, hidroxilo, superóxido, óxido nítrico e radicais FRAP, flavonóides.

# 1. INTRODUÇÃO

Antioxidante significa "contra a oxidação". Um antioxidante é qualquer substância que retarda ou previne a deterioração, os danos ou a destruição por oxidação (Dekkers *et al.*, 1996). Os antioxidantes incluem várias substâncias orgânicas, nomeadamente as vitaminas C, E e A (que é convertida a partir do beta-caroteno), o selénio e um grupo conhecido como carotenóides (Dekkers *et al.*, 1996; Kaczmarski *et al.*,1999).

Um radical livre é um átomo ou molécula com um eletrão não emparelhado na sua órbita mais externa (Jesberger e Richardson, 1991), que está livremente disponível para reação. Estes electrões não emparelhados tornam estas espécies muito instáveis e altamente reactivas com outras moléculas (Karlsson, 1997) e tentam emparelhar o(s) seu(s) eletrão(ões) e gerar um composto mais estável. Os radicais derivados do oxigénio, também conhecidos como espécies reactivas de oxigénio (ROS), são uma classe importante de radicais que são produzidos em sistemas vivos para diversos fins (Miller *et al.*, 1990). As ROS são espécies perigosas e altamente reactivas com as moléculas que as rodeiam (Sharma e Clark, 1998). ROS é um termo coletivo, que inclui não só os radicais de oxigénio (O e OH) mas também alguns derivados não radicais do oxigénio, incluindo o peróxido de hidrogénio ($H_2O_2$), o ácido hipocloroso (HOCl) e o ozono ($O_3$) (Sjodin *et al.*, 1990).

Os radicais livres são um mal necessário, uma vez que são gerados em todos os organismos que vivem em ambiente aeróbico durante o metabolismo oxidativo nas mitocôndrias. No entanto, a indução excessiva de ROS tem sido implicada em várias doenças inflamatórias, incluindo doenças auto-imunes, artrite reumatoide, cataratas, envelhecimento, doenças cardiovasculares e neurodegenerativas e cancro (Valko *et al.*, 2007). Do mesmo modo, as espécies reactivas de azoto (RNS) são igualmente importantes nos sistemas biológicos, uma vez que estão envolvidas em vários processos celulares, incluindo a sinalização celular (Valko *et al.*, 2007). O corpo humano está bem equipado com vários mecanismos antioxidantes, como enzimas antioxidantes e moléculas não enzimáticas antioxidantes, como o glutatião (Beckman e Ames, 1998), para neutralizar os radicais livres produzidos durante vários processos metabólicos. A produção excessiva de ROS e RNS pode sobrecarregar a maquinaria celular, resultando na falha do sistema antioxidante endógeno. O fornecimento exógeno de antioxidantes pode ser necessário para neutralizar o efeito deletério das ROS/RNS e apoiar o sistema antioxidante endógeno (Jagetia e Reddy, 2011). Suspeita-se que os antioxidantes sintéticos atualmente disponíveis, como o butil-hidroxi-anisol (BHA), o butil-hidroxi-tolueno (BHT), a hidroquinona butilada terciária e os ésteres do ácido gálico, causem ou provoquem efeitos negativos na saúde. Por conseguinte, foram impostas fortes restrições à sua aplicação em seres humanos. Este facto indica que existe uma necessidade de antioxidantes naturais não tóxicos. Recentemente, tem-se verificado um aumento do interesse no potencial terapêutico das plantas medicinais como antioxidantes na redução de lesões tecidulares induzidas por radicais livres. Muitos extractos de plantas e fitoquímicos demonstraram possuir actividades de eliminação de radicais livres (Larson, 1988; Koleva *et al.,* 2002). Mas, de um modo geral, ainda é necessário encontrar mais informações sobre o potencial antioxidante de outras espécies de plantas.

*O Croton caudatus* Geiseler (pertencente à família Euphorbiaceae) é uma planta medicinal tradicional. Está bastante difundida no Sudeste Asiático, incluindo o Sri Lanka, Butão, Bornéu, Birmânia, região Indo-Myanmar, Java, Laos, Malásia, Nepal, Paquistão, Filipinas, Singapura, Sumatra, Tailândia e Vietname. *O Croton caudatus* Geiseler é conhecido desde há muito pelos habitantes Chin-Kuki de Manipur e Mizoram. É tradicionalmente utilizado como cataplasma para a febre, entorses e tratamento de doenças do fígado em várias partes da Ásia. As suas raízes são purgativas. A planta inteira é utilizada para fins medicinais e verificou-se que é pouco tóxica (Lin *et al.*, 2003). *O Croton caudatus* é um medicamento tradicional da Dai Nationalistic. Os caules e as folhas de *Croton caudatus* têm sido utilizados para o tratamento da malária, febre ardente, convulsões, artrite reumática e dormência (Jiangsu New Medical College, 1975). É um dos constituintes de Qi Wei Ke Teng Zi Wan, uma fórmula famosa utilizada pela tribo Dai da China para o tratamento de dores e doenças do estômago (anónimo). As folhas têm sido aplicadas em feridas purulentas de tartarugas feridas para as proteger das larvas. Na língua Hmar, é chamada "Ranlung damdawi" (Ranlung = verme, damdawi = remédio), "Yong Khullokpi e Khagi laikoi" na língua Manipuri e "Ganthan lou" no dialeto Thadou-Kuki. A administração oral do sumo/extrato de *Croton caudatus* foi experimentada pela primeira vez em Saikot, no distrito de Churachandpur, em Manipur, pelo Sr. Chawilen, pelo que é também conhecida por "Chawilen damdawi". É também tradicionalmente conhecido por "Kam-Sabut". *O Croton caudatus* cresce normalmente em pântanos de turfa, em florestas de folha caduca e em florestas de folha persistente de dossel espesso. Por vezes, cresce perto de zonas marginais ao longo de rios ou riachos. As suas utilizações tradicionais para vários fins medicinais estimularam-nos a obter uma visão das suas propriedades antioxidantes in vitro.

## 2. MATERIAIS E MÉTODOS

Os procedimentos de recolha e preparação dos extractos de *Croton caudatus* (CCE) são os mesmos que os apresentados no capítulo 2.

### 2.1 Produtos químicos

Todos os produtos químicos utilizados eram de qualidade analítica e foi utilizada água Milli Q para toda a análise. 1,1-Difenil-2-picrilhidrazila (DPPH), 2,4,6-tris(2-piridil)-s-triazina (TPTZ), ácido 6-hidroxi-2,5,7,8-tetrametilcromano-2-carboxílico (Trolox), dimetilsulfóxido (DMSO), ácido ascórbico, nitroblue tetrazolium (NBT), ácido etilenodiaminotetracético (EDTA), ácido tricloroacético (TCA), nitroprussiato de sódio e reagente de Griess foram adquiridos à Sigma-Aldrich Co. Bangalore, Índia). O metanol, o etanol, o acetato de sódio, o cloreto férrico, o reagente de Folin-Ciocalteau, o carbonato de sódio, o hidróxido de sódio, o cloreto de sódio, o cloreto de potássio, o hidrogenofosfato dissódico (anidro), o di-hidrogenofosfato de potássio, o cloreto de alumínio, o acetato de potássio, o ácido gálico, o sulfato ferroso de amónio, o acetato de amónio, o ácido acético glacial e a acetilacetona foram adquiridos à Merck India, Mumbai.)

### 2.2 Estimativa da eliminação de radicais livres in vitro

A capacidade de diferentes extractos de *Croton caudatus* para eliminar radicais livres perigosos foi determinada seguindo os protocolos abaixo indicados.

### 2.2.1 Ensaio de eliminação do radical livre DPPH

O princípio para a redução do radical livre DPPH é que o antioxidante reage com o radical livre estável DPPH e converte-o em 2, 2-difenil-1-picril hidrazina. A atividade de eliminação do radical livre DPPH dos extractos de *C. caudatus* foi determinada como descrito anteriormente (Leong e Shui, 2002). Resumidamente, várias concentrações de CCE (15,625, 31,25, 62,5, 125, 25, 500, 1000 ou 2000 µg/ml) dissolvidas em 40 µl de solventes apropriados foram adicionadas a 3 ml de solução de metanol de 0,1 m M DPPH e incubadas por 30 min à temperatura ambiente. Uma quantidade igual de DPPH foi utilizada como padrão e uma quantidade igual de metanol foi utilizada como branco. Após 30 minutos, a absorvância foi registada a 515 nm no espetrofotómetro Spectroscan 2600 UV/VIS (Chemito Technologies Pvt. Ltd., Mumbai, Índia). A capacidade de eliminação do radical livre DPPH do CCE foi expressa em mg de equivalentes trolox/100 g, bem como em mg de equivalentes de ácido ascórbico/100 g dos extractos

### 2.2.2 Atividade de eliminação do radical hidroxilo

A atividade de eliminação do radical hidroxilo da CCE foi testada de acordo com o método de (Klein *et al.,* 1981). Resumidamente, 15,625, 31,25, 62,5, 125, 25, 500, 1000, 2000, 2500, 3000, 3500 ou 4000 µg/ml de CCE em 1 ml foram colocados num tubo de ensaio e evaporados até à secura. Adicionou-se a cada tubo um ml de solução de ferro-EDTA (sulfato de amónio ferroso a 0,13% e EDTA a 0,26%), 0,5 ml de EDTA a 0,018%, 1 ml de DMSO (0,85%, *V/V*, em tampão fosfato 0,1 mol $L^{-1}$ , pH 7,4) e 0,5 ml de ácido ascórbico a 0,22%. Os tubos foram bem tapados e aquecidos num banho de água a 80-90°C durante 15 minutos. A reação foi terminada pela adição de 1 ml de TCA gelado (17,5% *p/v*). Adicionaram-se a cada tubo 3 ml de reagente de Nash (75,0 g de acetato de amónio, 3 ml de ácido acético glacial e 2 ml de acetilacetona, tendo sido adicionada água para perfazer o volume até 1 L); os tubos foram deixados à temperatura ambiente durante 15 minutos para o desenvolvimento da cor. A intensidade da cor amarela formada foi medida a 412 nm utilizando um espetrofotómetro UV/VIS contra um branco. A capacidade antioxidante da CCE, baseada na sua capacidade de diminuir o radical hidroxilo gerado num sistema de reação de Fenton, foi expressa em mg de equivalentes de ácido gálico/100 g de CCE.

### 2.2.3 Atividade de eliminação do anião superóxido

Os radicais livres de superóxido formados pelo DMSO alcalino reagem com o NBT para produzir diformazan colorido. A eliminação do radical anião superóxido ($O/^-$) foi medida utilizando um método modificado (Hyland *et al.*, 1983). Resumidamente, a mistura de reação continha 0,2 ml de NBT (1 mg/ml em DMSO) e 0,6 ml de várias concentrações de CCE (15,625, 31,25, 62,5, 125, 25, 500, 1000, 2000, 2500, 3000, 3500, 4000, 4500 ou 5000), 2 ml de DMSO alcalino (1 ml de DMSO contendo NaOH 5 m M em 0,1 ml de água). O branco era constituído por DMSO puro em vez de DMSO alcalino. A absorvância foi registada a 560 nm num espetrofotómetro UV/VIS. A capacidade antioxidante da CCE, baseada na sua capacidade de inibir a formação de formazan, foi expressa em mg de equivalente de ácido ascórbico /100 g de CCE.

### 2.2.4 Atividade de eliminação de óxido nítrico

A atividade de eliminação de óxido nítrico da CCE foi estimada pela reação de Griess, tal como descrito anteriormente com pequenas modificações (Marcocci *et al.,* 1994; Sreejayan e Rao, 1997). O nitroprussiato de sódio em solução aquosa a pH fisiológico gera espontaneamente óxido nítrico, que interage com o oxigénio para produzir iões nitrito que podem ser estimados pela utilização do reagente de Griess. Os sequestradores de óxido nítrico competem com o oxigénio, levando à redução da produção de óxido nítrico (Marcocci *et al.,* 1994). Resumidamente, a mistura de reação contendo 1 ml de nitroprussiato de sódio 5 mM foi incubada com 500 µl de 15,625, 31,25, 62,5, 125, 25, 500, 1000, 2000, 2500, 3000 ou 3500 µg/ml CCE e incubada a 25 "C por 150 min. Foi retirada uma amostra de 1 ml e diluída com 1 ml de reagente de Griess e a absorvância do cromóforo formado durante a diazotização do nitrito com sulfanilamida e subsequente acoplamento com NED foi lida a 546 nm num espetrofotómetro UV/VIS. O branco era constituído por PBS e uma proporção igual de nitroprussiato de sódio e o reagente de Griess foi tratado de forma idêntica, exceto que a amostra de ensaio (CCE) serviu de padrão. A capacidade antioxidante do CCE com base na sua capacidade de diminuir o ácido nitroso foi expressa em mg de equivalentes de ácido ascórbico/100 g de CCE.

### 2.2.5Ensaio do potencial antioxidante redutor férrico (FRAP)

A capacidade do CCE para reduzir os iões férricos foi medida utilizando o método descrito por (Benzie e Strain, 1999) com pequenas modificações. 50 μl de várias concentrações de CCE (15,625, 31,25, 62,5, 125, 25, 500, 1000 ou 2000 μg/ml) foram adicionados a 3 ml de reagentes FRAP (10 partes de tampão de acetato 300 mM, pH 3,6, 1 parte de solução de TPTZ e 1 parte de solução de 20 mM $Fecl_3$ .$6H_2$ O) e a mistura de reação foi incubada a 37 "C durante 30 min. O aumento da absorvância foi medido a 593 nm utilizando o espetrofotómetro UV/VIS. A atividade antioxidante dos extractos baseia-se na sua capacidade de reduzir os iões férricos e foi expressa em mg equivalentes de Trolox/100 g de CCE, bem como em mg equivalentes de ácido ascórbico/100 g de CCE.

### 2.2.6Determinação do teor de fenólicos totais

O conteúdo fenólico total da CCE foi determinado conforme descrito anteriormente (Singleton e Rossi, 1965). 500 μl de 15,625, 31,25, 62,5, 125, 25, 500, 1000 ou 2000 μg/ml de CCE foram misturados com 1000 μl de reagente Folin-Ciocalteau 1:10' s e incubados à temperatura ambiente por 5 min, seguidos pela adição de 900 μl de solução saturada (7,5%) de carbonato de sódio. Após 1 h de incubação à temperatura ambiente, a absorvância foi registada a 640 nm utilizando o espetrofotómetro UV/VIS. O conteúdo fenólico total do CCE foi expresso como equivalentes de ácido gálico mg/100 g do CCE.

### 2.2.7Determinação de flavonóides totais

Os flavonóides totais foram determinados pelo método colorimétrico descrito por (Chang *et al.*, 2002). 1 ml de vários extractos de CCE (15,625, 31,25, 62,5, 125, 25, 500, 1000, 2000, 2500, 3000, 3500 ou 4000 μg/ml) foi misturado separadamente com 1,5 ml de etanol a 95%, 0,1 ml de cloreto de alumínio a 10%, 0,1 ml de acetato de potássio 1M e 2,8 ml de água destilada e incubado durante 30 min à temperatura ambiente. A absorvância da mistura de reação foi registada a 415 nm com um espetrofotómetro UV/Vis. A curva de calibração foi preparada através da preparação de soluções de ácido gálico em diferentes concentrações em metanol. A presença de flavonóides na CCE foi expressa em mg de ácido gálico ou equivalente de quercetina /100 g de CCE

## 3. RESULTADOS

Os resultados da eliminação de radicais livres, do teor de fenóis totais ou de flavonóides foram expressos como equivalente ascórbico (AA), Trolox (Tx), ácido gálico ou quercetina/100 g de CCE nas Figuras 1 a 7.

O ensaio DPPH tem sido utilizado para indicar a atividade antioxidante. A cor violeta do DPPH é convertida em cor amarela após a sua redução em DPPH-H, com um elevado desvio $\lambda$ no espetro visível (de 520 nm para 330 nm). O radical livre estável DPPH é bem conhecido como um bom abstrator de hidrogénio, produzindo DPPH-H como subproduto (Forester *et al,* 1968). Trata-se de um processo de tipo redox e foi mencionado pela primeira vez por Goldschmidt e Renn (1992) na oxidação da hidroquinona em benzoquinona pelo DPPH. Este ensaio baseia-se na redução dos radicais DPPH em metanol, o que provoca uma diminuição da absorvância a 515 nm. Os extractos clorofórmio, etanol e aquoso de CC causaram uma eliminação dependente da concentração do radical DPPH e um efeito máximo foi observado para uma concentração de 2000 µg/ml (Figura 1). No entanto, a maior atividade de eliminação foi observada para o extrato de etanol, onde foi equivalente a 3193 ± 6,25 mg de trolox ou ácido ascórbico (Figura 1). Seguiu-se o extrato de clorofórmio, onde foi equivalente a 2843±12,5 mg de trolox ou ácido ascórbico (Figura 1). O extrato aquoso apresentou uma atividade mínima, que foi de 2575±6,25 mg equivalente ao trolox ou ao ácido ascórbico (Figura 1)

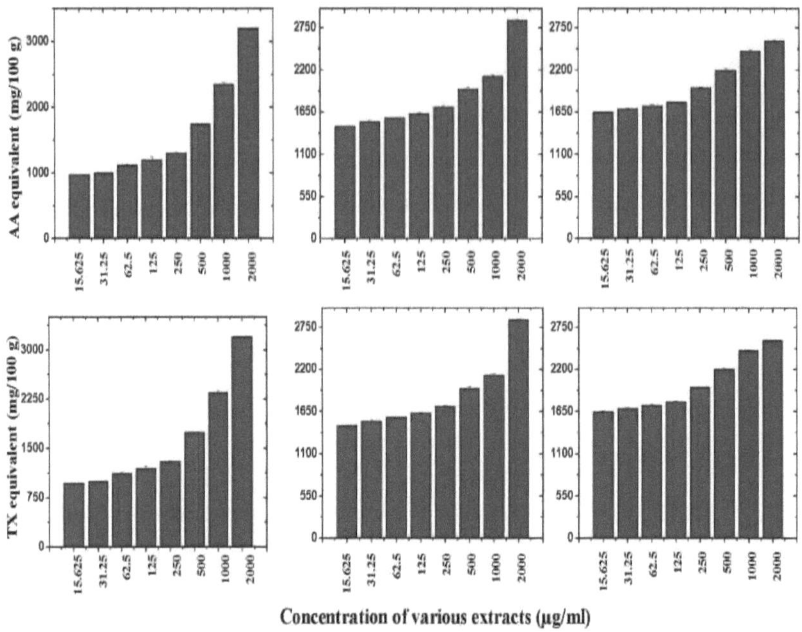


Figura 1: Inibição da formação do radical DPPH por vários extractos de *Croton caudatus* in vitro. Painel da esquerda: Clorofórmio; painel do meio: Etanol e painel da direita: Extractos aquosos. AA : Ácido ascórbico e TX : Trolox.

A atividade de eliminação do radical hidroxilo da CCE mostrou um aumento dependente da concentração até se observar uma inibição máxima dos radicais OH a uma concentração de 3000 iig/ml para os extractos de clorofórmio, etanol e aquoso, respetivamente (Figura 2). O efeito máximo foi observado para o extrato de etanol, que eliminou o radical OH de forma mais eficiente do que os outros dois extractos, e este foi de 690 mg de equivalente de ácido gálico, enquanto foi de 579±4,05 mg e 203±0,675 mg de equivalente de ácido gálico para os extractos aquoso e clorofórmico, respetivamente (Figura 2).

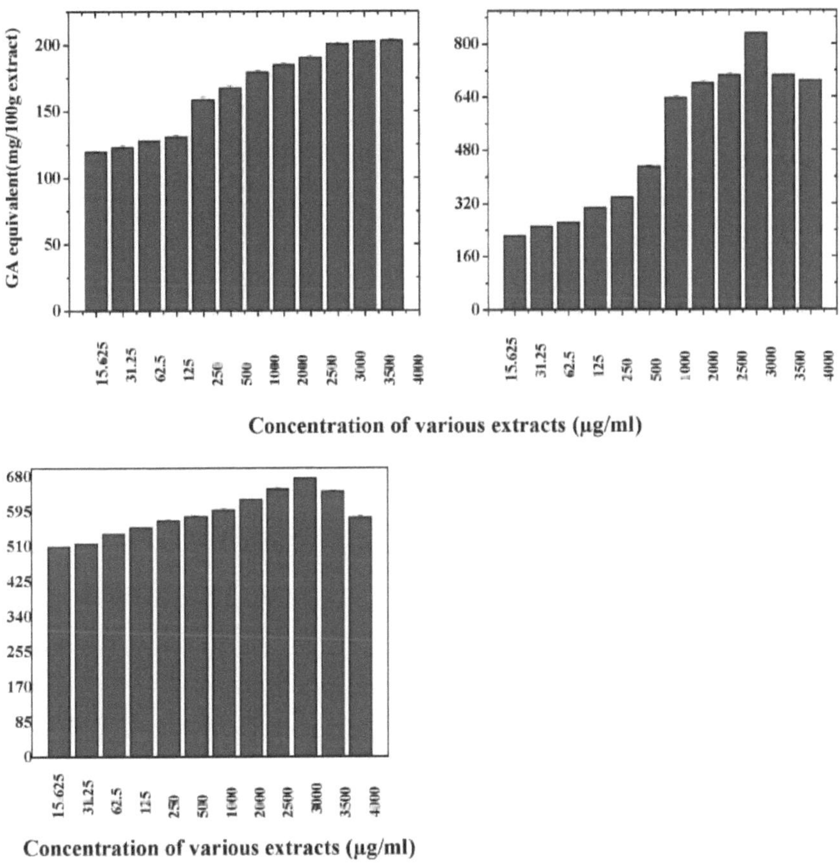


Figura 2: Inibição da formação do radical hidroxilo por vários extractos de *Croton caudatus* in vitro. Em cima, à esquerda: clorofórmio; em cima, à direita: etanol e em baixo, a meio: extractos aquosos. GA: Ácido gálico

A atividade de eliminação de superóxido da CCE aumentou acentuadamente com o aumento da concentração e o efeito máximo foi observado para 5000 µg/ml para os extractos clorofórmico, etanólico e aquoso (Figura 3). O efeito máximo foi observado para o extrato de clorofórmio, que eliminou o radical superóxido de forma mais eficiente do que os outros dois extractos, e foi de 645 ± 1,066 mg de equivalente de ácido ascórbico, enquanto foi de 448 mg e 440 ± 0,533 mg de equivalente de ácido ascórbico para os extractos aquoso e de etanol, respetivamente (Figura 3).

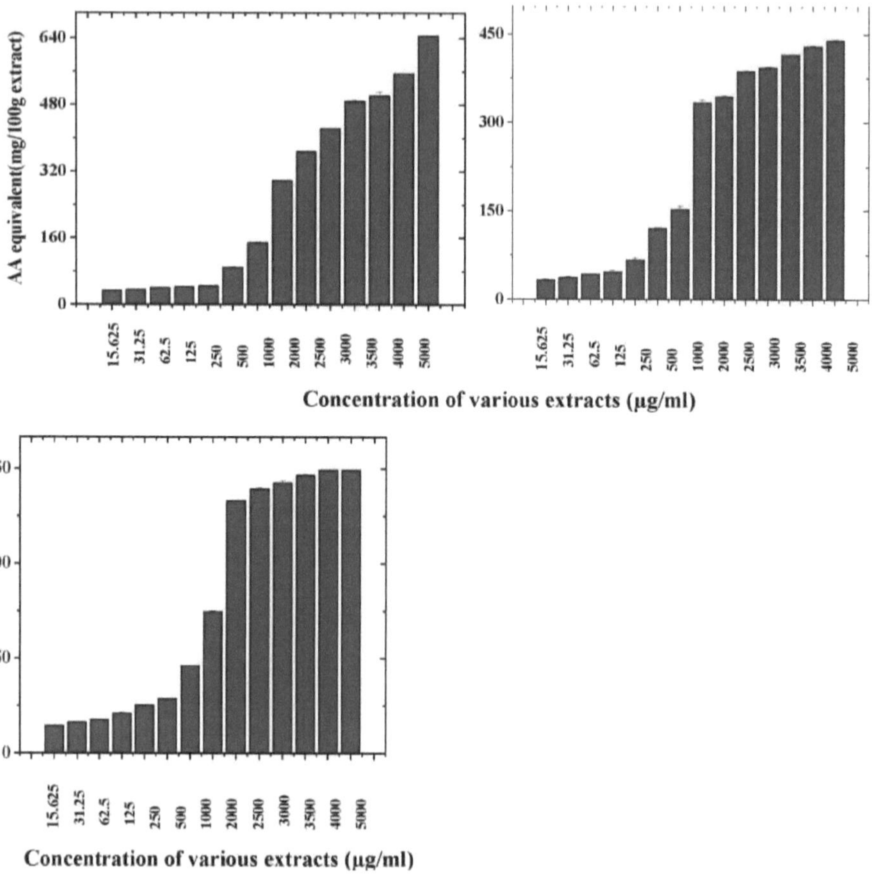


Figura 3: Inibição da formação do radical superóxido por vários extractos de *Croton caudatus* in vitro. Em cima, à esquerda: clorofórmio; em cima, à direita: etanol e em baixo, no meio: Extractos aquosos. AA: Ácido ascórbico.

A atividade de eliminação do radical óxido nítrico da CCE mostrou um aumento dependente da concentração até se observar uma inibição máxima do radical NO a uma concentração de 3500 μg/ml para os extractos clorofórmico, etanólico e aquoso (Figura 4). O efeito máximo foi observado para o extrato aquoso, que eliminou o radical superóxido de forma mais eficiente do que os outros dois extractos, e este foi de 242±2,5 mg de equivalente de ácido ascórbico, enquanto foi de 196±3,75 mg e 185±15,00 mg de equivalente de ácido ascórbico para os extractos de etanol e

clorofórmio, respetivamente (Figura 4)

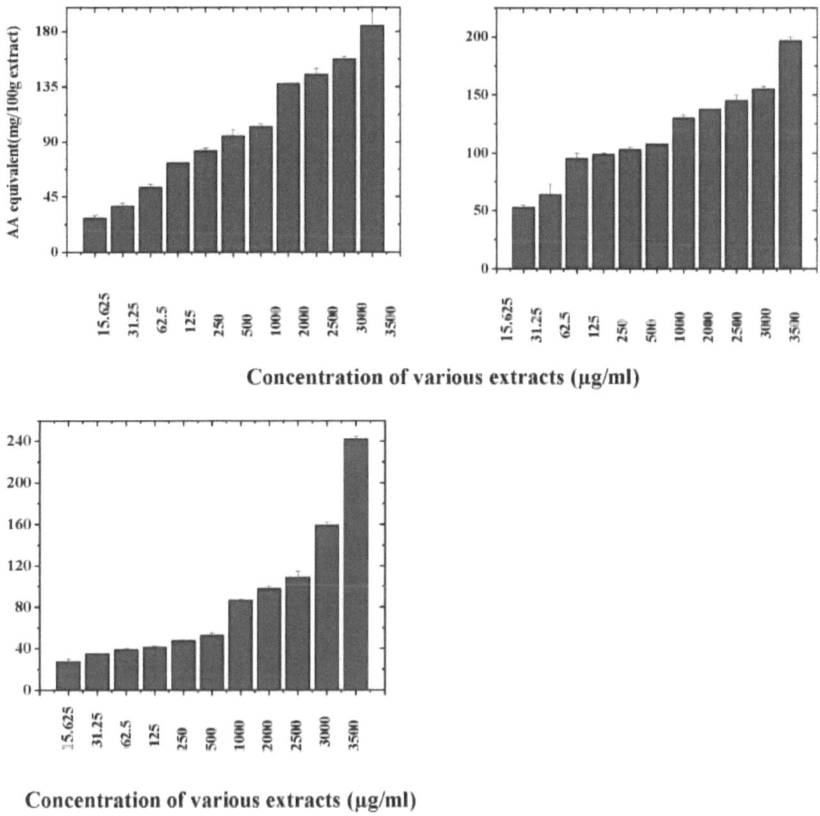


Figura 4: Inibição da formação do radical óxido nítrico por vários extractos de *Croton caudatus* in vitro. Em cima, à esquerda: clorofórmio; em cima, à direita: etanol e em baixo, a meio: extractos aquosos. AA: Ácido ascórbico.

A atividade de eliminação do radical FRAP do CCE mostrou um aumento dependente da concentração até que uma inibição máxima do radical FRAP foi observada a uma concentração de 2000 µg/ml para clorofórmio, etanol e extratos aquosos (Figura 5). O efeito máximo foi observado para o extrato de etanol, que eliminou o radical FRAP com mais eficiência do que os outros dois extratos. Estes valores foram 3230±27,83 mg de equivalente de ácido ascórbico e 1588±13,68 mg de equivalente de trolox, enquanto 3020±10,0 mg e 995±10,00 mg de equivalente de ácido ascórbico e

1484±4,91 mg e 489±4,91mg de equivalente de trolox para os extractos aquoso e clorofórmico, respetivamente (Figura 5).

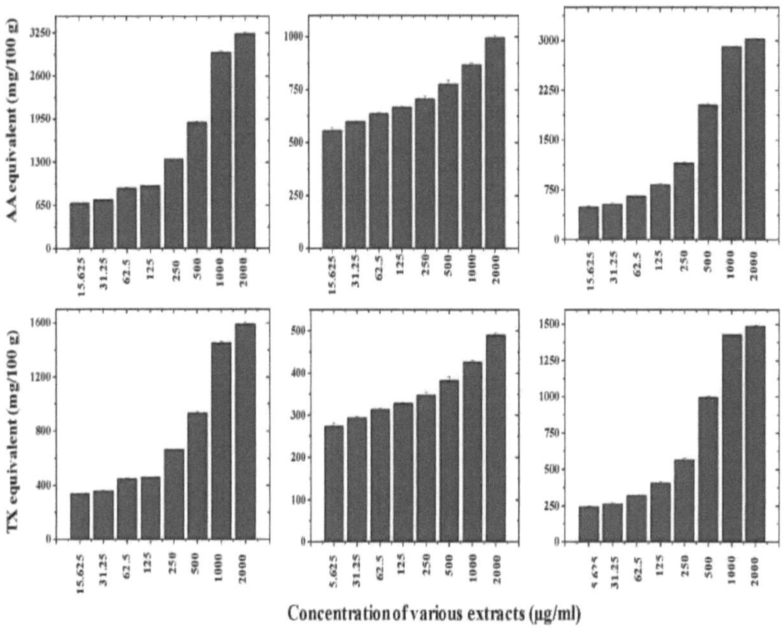


Figura 5: Inibição da formação do radical FRAP por vários extractos de *Croton caudatus* in vitro. Painel da esquerda: Clorofórmio; painel do meio: Etanólico e painel da direita: Extractos aquosos. AA: ácido ascórbico e TX: Trolox.

O teor de fenol total do CCE mostrou um aumento dependente da concentração até uma concentração de 2000 µg/ml para os extractos de clorofórmio, etanol e aquoso (Figura 6). O efeito máximo foi observado para o extrato de etanol, que apresentou o conteúdo mais elevado (mais do que os outros dois extractos) e este foi de 3083±16,66 mg de equivalente de ácido gálico, enquanto que foi de 1860±14,58 mg e 1416±10,41 mg de equivalente de ácido gálico, para os extractos de clorofórmio e aquoso, respetivamente (Figura 6)

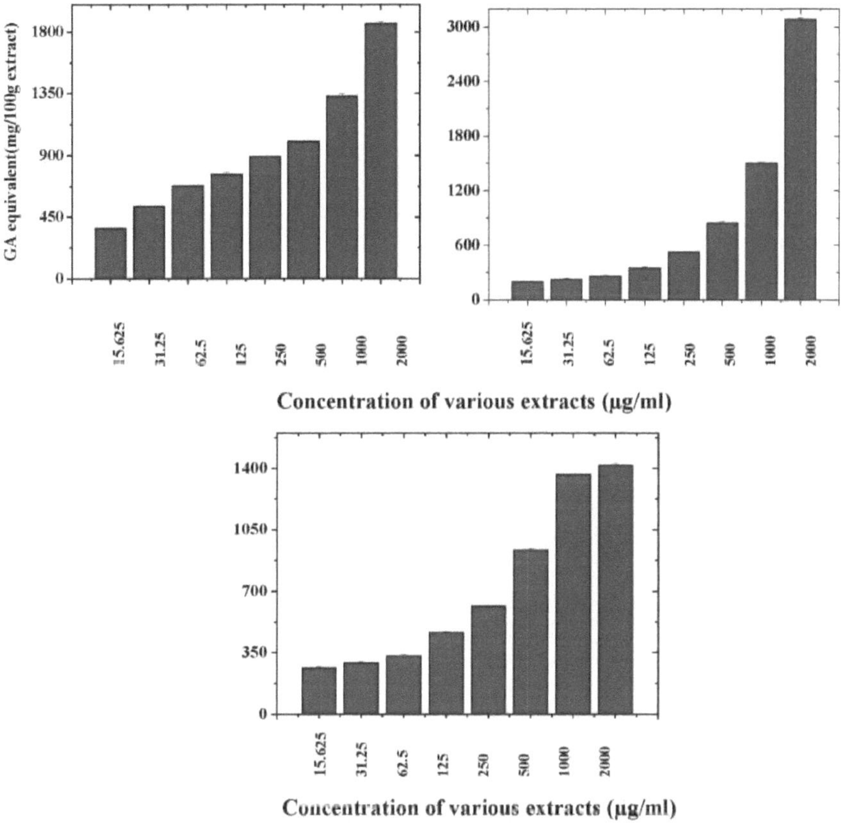


Figura 6: Conteúdo de fenóis totais em vários extractos de *Croton caudatus* in vitro. Superior esquerdo: Clorofórmio; Superior direito: Etanol e em baixo no meio: Extractos aquosos. : Extractos aquosos. GA: Ácido gálico.

O conteúdo total de flavonóides do CCE mostrou um aumento dependente da concentração e a quantidade máxima foi observada para 3500 µg/ml (extractos alcoólico e clorofórmico) e 4000 Lig/ml (extrato aquoso), estes conteúdos foram equivalentes a 2784±0,00 mg, 2019±0.00 mg e 1847±0,00 mg de ácido gálico para os extractos de etanol, aquoso e clorofórmio, respetivamente, enquanto os teores equivalentes de quercetina foram 3171±0,00 mg, 2300±0,00 mg e 2103±0,00 mg para os extractos de etanol, aquoso e clorofórmio, respetivamente (Figura 7)

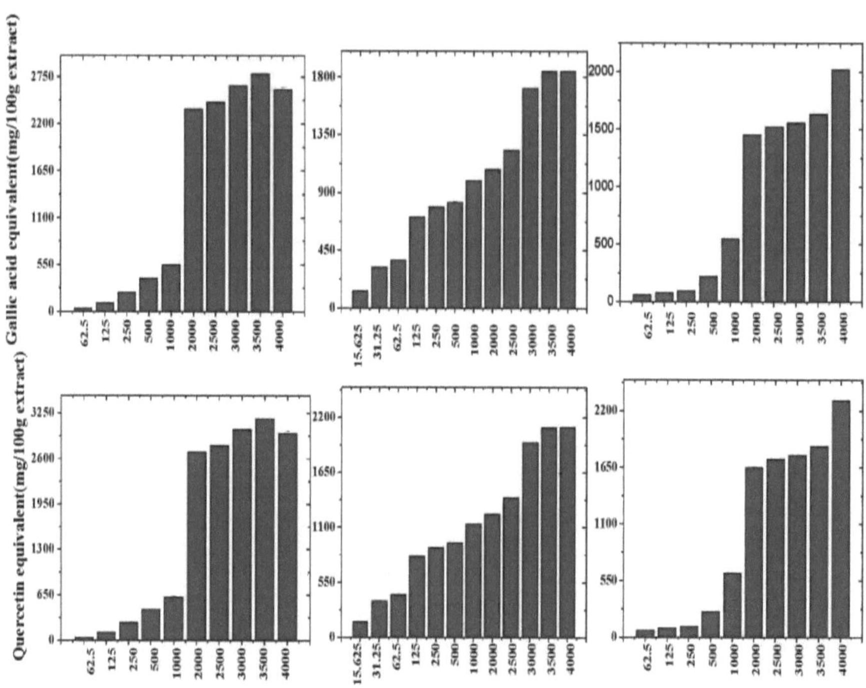


Figura 7: Conteúdo total de flavonóides em vários extractos de *Croton caudatus in vitro.* Painel da esquerda: Clorofórmio; Painel do meio: Extractos etanólicos e Painel da direita: Extractos aquosos.

## 4. DEBATE E CONCLUSÕES

Os radicais livres são gerados durante processos metabólicos essenciais na célula e a sua produção excessiva conduz ao stress oxidativo, que é o prenúncio de várias doenças (Halliwell e Guetteridge, 1999). O mecanismo de defesa celular pode ficar sobrecarregado devido ao aumento do stress oxidativo e pode ser necessário neutralizar o stress oxidativo para a manutenção adequada da saúde. Isto pode ser conseguido através da suplementação com vários agentes farmacológicos exógenos. As plantas forneceram vários produtos para o bem-estar dos seres humanos, incluindo medicamentos para cuidados de saúde. Por conseguinte, o presente estudo foi realizado para investigar o efeito de vários extractos de *Croton caudatus* na sua capacidade de eliminação de radicais livres in vitro.

O ensaio DPPH (1, 1-difenil-2-picril-hidrazil) é um ensaio simples e conveniente para estudar a propriedade antioxidante de vários agentes. O DPPH é caracterizado como um radical livre estável em virtude da deslocalização do eletrão livre sobre a molécula e é de cor violeta, que desvanece para a cor amarela depois de aceitar um eletrão do antioxidante dador e subsequentemente ser reduzido ao congénere (DPPH-H), com um elevado desvio $\lambda$ no espetro visível (de 520 nm para 330 nm). Este é um processo redox e foi mencionado pela primeira vez por Goldschmidt e Renn (1922). Todos os extractos de *Croton caudatus* eliminaram o radical livre DPPH de uma forma dependente da concentração. Vários outros extractos de plantas foram relatados para eliminar o radical livre DPPH de uma forma dependente da concentração (Jagetia e Baliga, 2003; 2012; Narayanaswamy e Balakrishnan, 2011). Outros produtos naturais, incluindo a naringina e a mangiferina, também foram relatados como capazes de eliminar os radicais livres DPPH de uma forma dependente da concentração (Jagetia e Baliga, 2003; Jagetia e Venketasha, 2005). O efeito de eliminação do DPPH dos extractos de *Croton caudatus* pode dever-se à doação de um eletrão ao radical livre DPPH. Do mesmo modo, verificou-se que outros extractos de plantas inibem a geração de radicais livres DPPH *in vitro* (Wong *et al.*, 2006; Aparadh *et al.*, 2012)

O radical hidroxilo é a forma neutra do ião hidróxido e é altamente reativo. Reage na vizinhança próxima da sua formação (Pastor *et al.*, 2000). Os radicais hidroxilo são as principais espécies activas de oxigénio que causam a oxidação dos lípidos e enormes danos biológicos em macromoléculas importantes, incluindo proteínas e ácido nucleico, especialmente o ADN (Aurand *et al.*, 1977). O H2O2 é gerado nas células como um subproduto metabólico. Embora não seja muito reativo, torna-se altamente tóxico para a célula devido à sua capacidade de gerar radicais hidroxilo nas células na presença de metais por Haber Weiss e/ou reação de Fenton (Halliwell, 2006; Valko *et al.*, 2007). Assim, a remoção do radical hidroxilo é muito importante para proteger as células dos seus efeitos deletérios. Os extractos de *Croton caudatus* inibiram a geração de radicais livres de hidroxilo de uma forma dependente da concentração e podem ser um agente útil para neutralizar este radical in vivo. Verificou-se que muitos outros extractos de plantas e flavonóides eliminam os radicais livres de hidroxilo de uma forma dependente da concentração (Jagetia *et al.*, 2003 a,b; 2012; Jagetia e Venketasha, 2005).

É bem conhecido que os aniões superóxido danificam as biomoléculas direta ou indiretamente, formando H $O_{22}$ , •OH, nitrito peroxi ou oxigénio singlete durante o envelhecimento e outros eventos patológicos, como a lesão de reperfusão isquémica. Também se observou que o superóxido inicia diretamente a peroxidação lipídica (Yen e Duh, 1994). A atividade de eliminação do radical anião superóxido dos extractos de *Croton caudatus*, avaliada pelo método alcalino DMSO, mostrou uma inibição dependente da concentração dos radicais anião superóxido. Verificou-se que os outros extractos de plantas e certos flavonóides de plantas, como a naringina e a mangiferina, eliminam o radical livre superóxido de uma forma dependente da concentração (Jagetia *et al.*, 2003, ab, 2012; Jagetia e Venketasha, 2005).

O radical óxido nítrico (NO·) é uma molécula lábil, que é gerada nas células dos mamíferos. Para além do seu papel nos processos fisiológicos, o NO· é também tóxico, especialmente após reação com radicais de oxigénio ou anião superóxido. Os produtos de reação formados incluem NOx e ONOO- (peroxinitrito), que são capazes de infligir danos celulares graves (Radi *et al.*, 1991, Stamler *et al.*, 1994; Beckman *et al.*, 1990 e Lipton *et al.*, 1993). A percentagem de radical de óxido nítrico diminuiu com o aumento da concentração dos extractos de *Croton caudatus* e observou-se uma inibição máxima da geração de NO' a 1 mg/ml, indicando que os extractos *de Croton caudatus* eliminaram eficazmente o NO' a baixa concentração.

Foi relatado que várias plantas e formulações vegetais (Jagetia e Baliga, 2003; 2012) eliminam o NO· de uma forma dependente da concentração. Do mesmo modo, alguns dos flavonóides vegetais, incluindo a naringina e a mangiferina, foram já referidos como capazes de eliminar o radical livre do óxido nítrico de uma forma dependente da concentração (Jagetia e Baliga, 2003; Jagetia e Venketasha, 2005).

O ensaio FRAP é uma técnica simples para avaliar a atividade antioxidante de qualquer agente. O extrato de CCE inibiu a geração do radical FRAP de uma forma dependente da concentração. Foi relatado que vários extractos de plantas apresentam atividade antioxidante através da eliminação do radical FRAP in vitro (Wong *et al.*, 2006; Aparadh *et al.*, 2012). A análise fitoquímica revelou a presença de fenóis e flavonóides e a atividade antioxidante e de eliminação de radicais livres do CCE pode dever-se à presença de fenóis e flavonóides. As plantas produzem compostos fenólicos e flavonóides, em particular, como metabolitos secundários que ajudam as plantas na polinização, a protegerem-se contra ataques de fungos e também dão cores atractivas às flores (Middleton e Chithan, 1993; Harborne e Baxter, 1999; Harborne e Williams 2000).

A importância do stress oxidativo gerado pelos radicais livres não pode ser subestimada, uma vez que os radicais livres são essenciais em muitas vias celulares e, ao mesmo tempo, a sua geração excessiva conduz ao stress oxidativo e a várias doenças relacionadas com os radicais livres. Diferentes extractos de folhas de *Croton caudatus* eliminaram os radicais livres DPPH, OH, $O_2^-$ e NO de uma forma dependente da concentração, seguida da inibição do radical FRAP. O extrato de etanol foi mais eficaz do que os extractos de clorofórmio e aquoso. A atividade antioxidante do CCE pode ser atribuída à presença de vários compostos fenólicos, incluindo flavonóides, estigmasterol, β-sitosterol e glicosídeos cárdicos. As folhas de *Croton caudatus* podem ser uma fonte potencial de antioxidantes naturais que podem atuar como agentes terapêuticos na prevenção ou no retardamento da progressão de doenças degenerativas relacionadas com o stress oxidativo.

## 5. REFERÊNCIAS


1 . Anónimo (2005) Comissão da Farmacopeia da República Popular da China.

2 . Aparadh VT, Naik VV, Karadge BA (2012) Propriedades antioxidantes (TPC, DPPH, FRAP, capacidade de quelação de metais, poder redutor e TAC) em algumas espécies de cleome. Annali di Botanica (Roma) 2: 49-56.

3 . Aurand LW, Boonme NH, Gidding GG (1977) Superóxido e oxigénio singlete na peroxidação lipídica do leite. J Dairy Sci 60: 363-369.

4 . Beckman JS, Beckman TW, Chen J et al (1990) Apparent hydroxyl radical

production by peroxynitrite: Implications for endothelial injury from nitric oxide and superoxide. Proceedings of the National Academy of Sciences, USA, 87:1620-1624.

5 . Beckman KB, Ames BN (1998) The free radical theory of aging matures. Physiol. Rev 78: 547-581.

6 . Benzie IFF, Strain JJ (1999) Ferric reducing/antioxidant power assay: Medida direta da atividade antioxidante total de fluidos biológicos e versão modificada para a medição simultânea do poder antioxidante total e da concentração de ácido ascórbico. Meth Enzymol 299: 15-27.

7 . Chang C, Yang M, Wen H et al (2002) Estimativa do teor total de flavonóides na própolis por dois métodos colorimétricos complementares. J Food Drug Anal 10: 178-182.

8 . Dekkers JC, Doornen LJP, Han CG (1996) The Role of Antioxidant Vitamins and Enzymes in the Prevention of Exercise-Induced Muscle Damage. Sports Med 21: 213-238.

9 . Forester AR, Hay JM, Thomson RH (1968) Organic Chemistry of Free Radicals. Academic Press, Londres.

10 . Goldschmidt S, Renn K (1922) Zweiwertiger Stickstoff: Über das α, α-Diphenyl-β-trinitrophenyl-hydrazyl. (IV. Mitteilung über Amin-Oxydation). Berichte der deutschen chemischen Gesellschaft (Séries A e B) 55: 628-643.

11 Halliwell B, Gutteridge JMC (1999) Free Radical in Biology and Medicine, 3rd ed., Oxford University Press, Oxford.

12 Halliwell B (2006) Species and Antioxidants. A Biologia Redox é um tema fundamental da vida aeróbica. Fisiologia Vegetal 141:2312-2322

13 Harborne JB, Williams CA (2000) Advances in flavonoid research since 1992. Phytochem 55: 481-504.

14 Harborne JB, Baxter H (1999) The handbook of natural flavonoids, Vols 1 e 2. Chichester, Reino Unido: John Wiley and Sons.

15 Hyland K, Voisin E, Banoun H et al (1983) Superoxide dismutase assay using alkaline dimethylsulfoxide as superoxide anion-generating system. Anal Biochem 135: 280-287.

16 Jagetia GC, Baliga MS, Aruna R et al (2003a) Effect of abana (a herbal preparation) on the radiationinduced mortality in mice. J Ethnopharmacol 2857: 1-7.

17 Jagetia GC, Baliga MS, Venkatesh P et al (2003b) Influência do rizoma de gengibre (Zingiber officinale Rosc) na sobrevivência, glutationa e peroxidação lipídica em ratos após exposição de corpo inteiro a radiação gama. Rad Res 160: 584-592.

18 Jagetia GC, Baliga MS (2003) O tratamento de ratos com uma preparação à base de plantas (Mentat) protege contra a mortalidade induzida pela radiação. Phytother. Res 17: 876-881

19 Jagetia GC, Reddy TK (2011) Alívio do stress oxidativo induzido pelo ferro pela flavanona naringina do fruto da uva in vitro. Chemico-Biol Inter 190:121-128.

20 Jagetia GC, Shetty PC, Vidyasagar MS (2012) Inibição de danos no ADN induzidos por radiação por jamun, Syzygium cumini, nos esplenócitos cultivados de ratinhos expostos a diferentes doses de radiação $\gamma$. Integr Cancer Ther 11:141-53.

21 Jagetia GC, Venkatesha VA (2005) Reforço do efeito da radiação por Aphanamixis polystachya em ratos transplantados com carcinoma de ascite de Ehrlich. Biological Pharm Bull 28 : 69-77.

22 Jesberger JA, Richardson JS (1991) Oxygen free radicals in brain dysfunction. Intrl J Neurosci 57:1-17.

23 Jiangsu New Medical College (1975) *Dictionary of Traditional Chinese Medicine*; Shanghai Science and Technology Press: Xangai, China, p. 447.

24 Kaczmarski MJ, Wojicicki L, Samochowiee T et al (1999) The influence of exogenous antioxidants and physical exercise on some parameters associated with production and removal of free radicals. Pharmazie 54:303-306.

25 Karlsson J (1997) Introdução à Nutrologia e à Formação Radical. *In: Antioxidants*

*and Exercise*. Illinois: Human Kinetics Press, pp: 1-143.

26 Klein SM, Cohen G, Cederbaum AI (1981) Production of formaldehyde during metabolism of dimethylsulphoxide by hydroxyl radical generating system. Biochem 20: 6006-6012.

27 Koleva II, Van Beek TA, Linssen JPH et al (2002) Screening of plant extracts for antioxidant activity: a comparative study on three testing methods. Phytochem Anal 13 : 8-17.

28 Larson RA (1988) The antioxidant of higher plants. Phytochem 27: 969-978.

29 Leong LP, Shui G (2002) An investigation of antioxidant capacity of fruits in Singapore markets. Food Chem 76: 69-75.

30 Lin Y, Yi Z, Zhao Y (2003) *Chinese Dai Medicine Colorful Illustrations*. Yunnan Nationality Press, Kunming.

31 Lipton SA, Choi YB, Pan ZH et al (1993) A redox-based mechanism for the neuroprotective and neurodestructive effects of nitric oxide and related nitrosocompounds. Nat 364:626-32.

32 Marcocci L, Packer L, Droy-Lefaix MT et al (1994) Antioxidant action of *Ginkgo biloba* extract EGb 761. Meth. Enzymol 234 : 462-475.

33 Middleton Jr E, Chithan K (1993) The impact of plant flavonoids on mammalian biology: implications for immunity, inflammation and cancer. In: Harborne JB, editor. The flavonoids: advances in research since 1986. Londres, Reino Unido: Chapman and Hall.

34 Miller DM, Buettner GR, Aust S D (1990) Os metais de transição como catalisadores de reacções de "autoxidação". Free Rad Biol Med 8:95-108.

35 Narayanaswamy N, Balakrishnan KP (2011) Avaliação de algumas plantas medicinais quanto às suas propriedades antioxidantes. Intl J PharmTech Res 3 : 381-385.

36 Pastor N, Weinstein H, Jamison E et al (2000) Uma interpretação pormenorizada

das pegadas dos radicais OH num complexo TBP-DNA revela o papel da dinâmica no mecanismo de ligação específico da sequência. J Mole Biol 304, 55-68.

37 Radi R, Beckman JS, Bush KM et al (1991) Peroxynitrite oxidation of sulfhydryls. J Biol Chem 266 :4244-4250.

38. Sharma H, Clark C (1998) An excerpt from the medical textbook Contemporary Ayurved, Edinburgh: Churchill Livingstone, ISBN: 0 44305594 7.

39. Singleton VL, Rossi JA (1965) Colorimetria de fenólicos totais com reagentes de ácido fosfomolíbdico-fosfotúngstico. Am J Vitic 16:144-158.

40.Sjodin T, Westing YH, Apple FS (1990) Biochemical mechanisms for oxygen free radical formation during exercise. Sports Med 10 : 236-254.

41.Sreejayan Rao MN (1997). Eliminação de óxido nítrico por curcuminoides. J Pharmacy and Pharmacol 49:105-107.

42.Stamler JS (1994) Redox signaling: nitrosylation and related target interactions of nitric oxide. Célula 78: 931-936.

43 Valko M, Leibfritz D, Moncola J et al (2007) Free radicals and antioxidants in normal physiological functions and human disease. Review. The Intl J Biochem and Cell Biol 39:44-84.

44. Wong SP, Lai PL, Jen HWK (2006) Antioxidant activities of aqueous extracts of selected plants. Food Chem 99:775-783.

45.Yen G, Duh P (1994) Scavenging effect of methanolic extracts of peanut hulls on free-radical and active-oxygen species. J Agri and Food Chem 42:629-632.

"AVALIAÇÃO DO POTENCIAL ANTIOXIDANTE DO EXTRACTO DE FOLHAS DE *CROTON CAUDATUS IN-VITRO*"

**TOC Graphic**

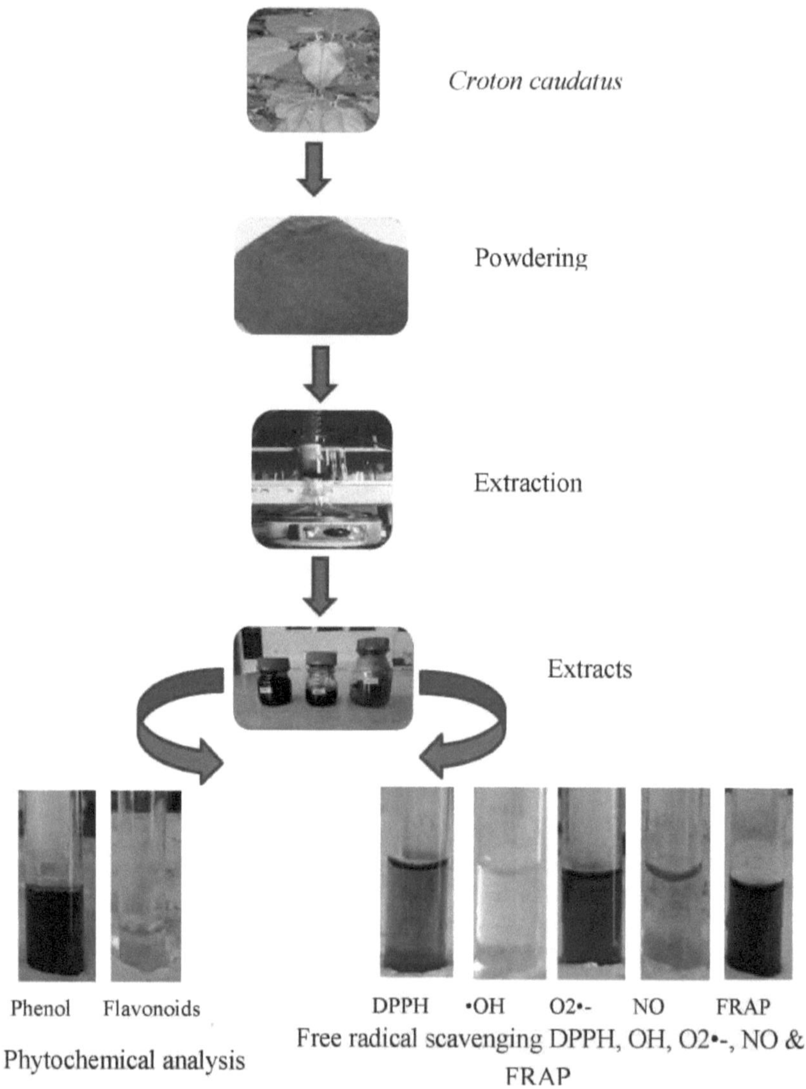

## Capítulo IV

# Avaliação microscópica e perfilagem por HPLC da folha de *Croton caudatus* Geiseler.

**RESUMO**

As plantas têm fornecido medicamentos para os cuidados de saúde desde tempos imemoriais e é necessário caraterizar as propriedades físicas e físico-químicas de uma planta medicinal que é utilizada regularmente. O objetivo da presente investigação foi caraterizar a estrutura microscópica do pó das folhas de *Croton caudatus* Geiseler. O pó seco das folhas de *C. caudatus* foi analisado microscopicamente e a caraterização por HPLC foi efectuada utilizando protocolos padrão. A análise microscópica pormenorizada do pó revelou a presença de tricomas não glandulares, tricomas de cobertura, grãos de amido, cristais de oxalato de cálcio e células pétreas. A droga em pó, tratada com diferentes produtos químicos e os seus extractos com diferentes solventes, apresentou alterações de cor quando iluminada com luz UV. O perfil de HPLC mostrou a presença de vários fitoquímicos. A análise microscópica e o perfil HPLC da folha de *Croton caudatus* Geiseler são úteis na padronização da qualidade, pureza e para a identificação correta da amostra.

**Palavras chave:** *Croton caudatus*, microscópico, HPLC, tricomas de cobertura.

## 1. INTRODUÇÃO

A etnomedicina engloba a totalidade da saúde, conhecimentos, valores, crenças, competências e práticas dos membros de uma sociedade, incluindo todas as actividades clínicas e não clínicas relacionadas com a saúde humana (Foster e Anderson, 1978). De acordo com as estimativas da OMS, cerca de 80% da população dos países em desenvolvimento depende principalmente de plantas ou de medicamentos naturais para os seus cuidados de saúde (Pareek, 1996; Mukhopadhyay, 1996). A medicina tradicional é definida pela OMS como "incluindo diversas práticas de saúde, abordagens, conhecimentos e exercícios aplicados singularmente ou em combinação para manter o bem-estar, bem como para tratar, diagnosticar ou prevenir doenças humanas". O conhecimento tradicional indígena de plantas medicinais de várias comunidades étnicas foi transmitido oralmente durante séculos de uma geração para a seguinte e está a desaparecer rapidamente da face da terra devido ao advento de práticas médicas modernas e à transformação da cultura tradicional. Por conseguinte, é necessário documentar a informação etnomedicinal atualmente existente entre as diversas comunidades antes que o conhecimento tradicional se perca completamente (Raghavendra, 1996).

*O Croton caudatus* Geiseler (família: Euphorbiaceae) é uma planta medicinal tradicional. Está bastante difundida no Sudeste Asiático, incluindo o Sri Lanka, Butão, Bornéu, Birmânia, região Indo-Myanmar, Java, Laos, Malásia, Nepal, Paquistão, Filipinas, Singapura, Sumatra, Tailândia e Vietname. *O Croton caudatus* é conhecido desde há muito pelos habitantes Chin-Kuki de Manipur e Mizoram. É tradicionalmente utilizado como cataplasma para o tratamento da febre, entorses e doenças do fígado em várias partes da Ásia. As suas raízes são purgativas. A planta inteira é utilizada para fins medicinais e verificou-se que é pouco tóxica (Lin, 2003). *O Croton caudatus* é um medicamento tradicional da Dai Nationalistic. Os caules e folhas de *Croton caudatus* têm sido utilizados para o tratamento da malária, febre ardente, convulsões, artrite reumática e dormência (Jiangsu New Medical College, 1975). É um dos constituintes de Qi Wei Ke Teng Zi Wan, uma fórmula famosa utilizada pela tribo Dai da China para o tratamento de dores e doenças do estômago (Anónimo, 2005). As folhas têm sido aplicadas em feridas purulentas de tartarugas feridas para as proteger das larvas. *Croton caudatus* cresce normalmente em pântanos de turfa, florestas de folha caduca e florestas de folha persistente de dossel espesso. Por vezes, cresce perto de zonas marginais ao longo de rios ou riachos. Os usos tradicionais de *Croton caudatus* para vários fins medicinais estimularam-nos a obter uma visão sobre a sua caraterização microscópica e farmacognóstica ao longo do perfil de HPLC para compreender os componentes activos na planta que podem ser úteis para desenvolver novas moléculas de fármacos a partir dela.

## 2. MATERIAIS E MÉTODOS

## 2.1 Experimental

O *Croton caudatus* foi recolhido e o seu pó foi analisado microscopicamente. O extrato de etanol foi analisado quanto à presença de vários fitoquímicos utilizando HPLC.

## 2.2 Recolha e extração

Os procedimentos de recolha e preparação dos extractos *de Croton caudatus* (CCE) são os mesmos e estão descritos em pormenor no Capítulo 2.

## 2.3 Produtos químicos e instrumentos

Lâminas de vidro, lamelas de cobertura, vidro de relógio e outros artigos de vidro comuns foram os aparelhos e instrumentos básicos utilizados para o estudo. As caraterísticas externas foram registadas com uma câmara Sony. As microfotografias foram observadas num microscópio de fluorescência DM-2500 (Leica Microsystems, Wetzlar, Alemanha) equipado com um conjunto de filtros BP de 450-490 nm com excitação a 453 nm, utilizando uma objetiva Plan 40 X N. A estrutura microscópica foi determinada utilizando o protocolo padrão e os solventes utilizados para extração incluíram éter de petróleo, clorofórmio, etanol e água destilada e outros reagentes viz. Ácido nítrico diluído, HCL diluído, ácido sulfúrico diluído, solução de cloreto férrico a 2%, hidróxido de sódio a 10%, hidróxido de sódio 1M, hidróxido de potássio a 5%, fluroglucinol, etanol, água destilada, acetato de etilo, clorofórmio, cloreto de potássio a 1%, metanol (grau Hplc), ácido acético glacial, hidróxido de amónio a 10%, acetonitrilo (grau Hplc), água (grau Hplc), papel de filtro sem cinzas, etc. foram utilizados para o estudo.

## 2.4 Investigação microscópica

O pó foi analisado de acordo com os procedimentos normalizados (Khandelwal, 2005) utilizando vários reagentes químicos.

O pó foi corado com reagente de fluroglucinol, observado num microscópio de fluorescência DM-2500 (Leica Microsystems, Wetzlar, Alemanha) equipado com um conjunto de filtros BP de 450490 nm com excitação a 453 nm, utilizando uma objetiva Plan 40 X N, e foram tiradas fotografias.

### 2.5 Cromatografia líquida de alta eficiência (HPLC)

Vinte gramas de extrato etanólico foram dissolvidos em 20 ml de etanol e adsorvidos em gel de sílica (20 g) e carregados numa coluna (150 g) preparada em hexano a 100%. A coluna foi eluída sequencialmente com hexano, misturas graduadas de hexano: acetato de etilo na proporção de 100:0, 99:1, 97:3, 95:5, 93:7, 90:10, 85:15, 80:20, 75:25, 70:30, 65:35, 60:40. Todas as 28 fracções foram recolhidas após a eluição da coluna e utilizadas para a caraterização por HPLC.

**Instrumentação**

O sistema de cromatografia líquida de alta eficiência é constituído por uma bomba de HPLC Waters 515, um injetor do tipo válvula, um detetor UV/visível Waters 2489 (Water, Singapura), uma coluna Symmetry ® C18 (250×4,6 nm) com um tamanho de partícula de 5µm. Outras condições: temperatura - ambiente, caudal - 1 ml/min, volume de injeção - 5 µl, deteção a 254nm. A HPLC foi realizada utilizando diferentes sistemas de solventes, acetonitrilo: água e água: metanol (grau HPLC) de forma gradiente das fracções recolhidas.

## 3. RESULTADOS

### 3.1 Análise de fluorescência

Os medicamentos em bruto apresentam a sua própria fluorescência caraterística quando expostos à radiação ultravioleta e dependem dos seus constituintes químicos. Esta análise é útil para identificar adulterantes durante a avaliação do medicamento em bruto. O pó foi submetido a uma análise de fluorescência de acordo com o procedimento normalizado (Nazish *et al.,* 2009, Dinesh *et al.,* 2012), como se mostra no quadro 1

**Análise de fluorescência dos extractos**

Os extractos foram preparados de acordo com a sua polaridade na técnica de extração sucessiva a quente. As alterações de cor foram observadas sob luz UV, como se mostra no Quadro 2 e nas Figuras 1-4.

Quadro 1: Caraterísticas de fluorescência do pó de folhas de *Croton caudatus*.

| Tratamento | Visível | UV (254 nm) |
|---|---|---|
| Pó | Verde claro | Sem alterações |
| Pó + HNO diluído$_3$ | Castanho claro | Preto |
| Pó + HCl diluído | Verde lama | Castanho |
| Pó +dil $H_2$ $SO_4$ | Verde lama | Cinzento |
| Pó + 2% Fecl$_3$ | Castanho escuro | Preto escuro |
| Pó + NaOH a 10% | Verde escuro | Castanho |
| Pó + NaOH 1N | Verde escuro | Cinzento |
| Pó + 5% KOH | Verde escuro | Sem cor |
| Pó + Pluroglucinol | Castanho claro | Preto |
| Pó + Etanol | Verde escuro | Cinzento |
| Pó + dist H $O_2$ | Castanho claro | Cinzento |
| Pó + Acetato de etilo | Verde amarelado | Cinzento escuro |
| Pó + Clorofórmio | Verde escuro | Cinzento escuro |
| Pó + 1% KCl | Cinzento | Castanho escuro |
| Pó + Metanol | Verde escuro | Cinzento |
| Pó + Ácido acético | Castanho avermelhado | Cinzento |
| Pó + 10% NH4OH | Verde lama | Cinzento escuro |

Quadro 2: Caraterísticas de fluorescência dos extractos de pó de folhas de *Croton caudatus*.

| Extrato | Visible Short | UV (254 nm) |
|---|---|---|
| Clorofórmio | Verde escuro | Preto |
| Etanol | Verde escuro | Preto |
| Aquoso | Castanho escuro | Sem alterações |

Fig 1: Pó de *Croton caudatus*

Fig 2: Extrato clorofórmico de *Croton caudatus*

Fig 3: Extrato etanólico de *Croton caudatus*

Fig 4: Extrato aquoso de *Croton caudatus*

## 3.2 Investigação microscópica

O pó é de cor verde escura, fino, inodoro e com sabor amargo (figura 1). O exame microscópico do pó revelou a presença de tricomas não glandulares (figura 5), tricomas de cobertura (figura 6), grãos de amido (figura 7), cristais de oxalato de cálcio (figura 8) e células pétreas (figura 9).

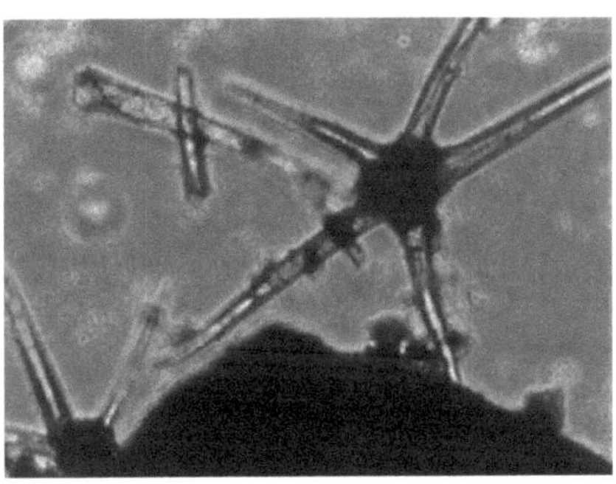

**Fig 5: Tricoma não glandular**

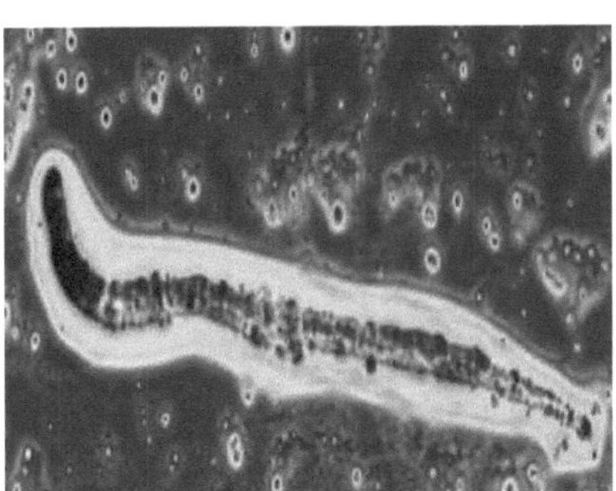

Fig 6: Tricoma de cobertura

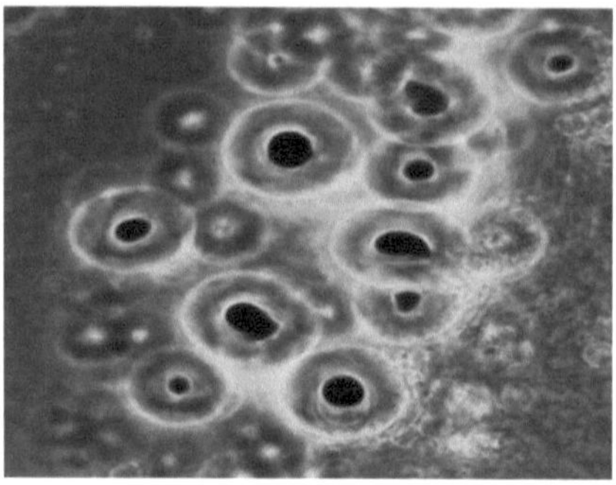

Fig 7: Grão de amido

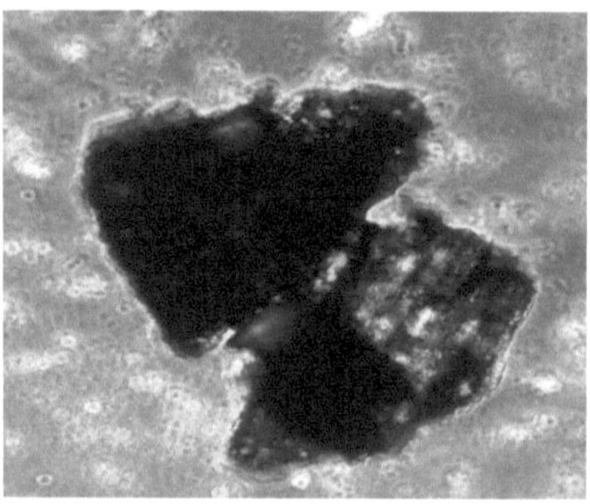

Fig 8: Oxalato de cálcio

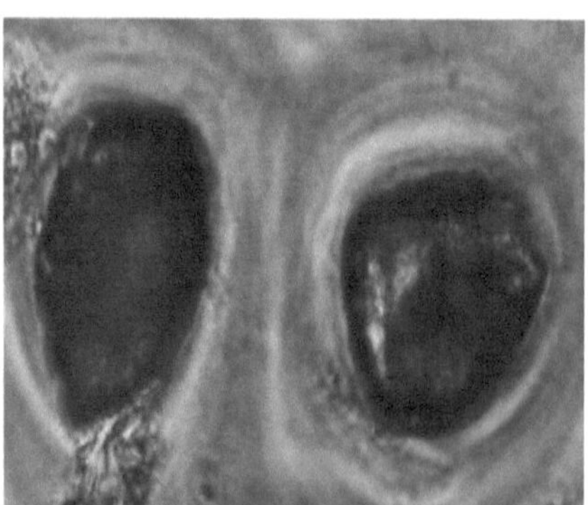

Fig 9: Células de pedra

## 3.3 HPLC

As impressões digitais qualitativas por HPLC foram recolhidas a um comprimento de onda de 254 nm e a um caudal de 1 ml/min devido à nitidez dos picos e a uma linha de base adequada. Os perfis HPLC do hexano e da fração de acetato de etilo do extrato etanólico de *Croton caudatus* após cromatografia em coluna foram obtidos utilizando o sistema de solventes acetonitrilo e água (30:70), que mostrou dois picos proeminentes com um tempo de retenção de 2,846 min e 5,815 min. A utilização de acetonitrilo e água (70:30) conduziu a três picos proeminentes com um tempo de retenção de 3,129 min, 4,239 min e 5,636 min. Obtiveram-se três picos proeminentes com o tempo de retenção de 3,334 min, 5,652 min e 5,994 min quando se utilizou acetonitrilo e água na proporção de 80:20. Por último, a mesma fração apresentou dois picos proeminentes com um tempo de retenção de 5,575 min e 8,008 min quando foi utilizado o sistema de solventes água e metanol (90:10). O perfil de HPLC mostrou a presença de vários fitoquímicos (Figura 10a, 10b, 10c e 10d).

Figura 10: Perfis de HPLC das fracções de hexano e acetato de etilo do extrato etanólico de *Croton caudatus* utilizando diferentes sistemas de solventes.

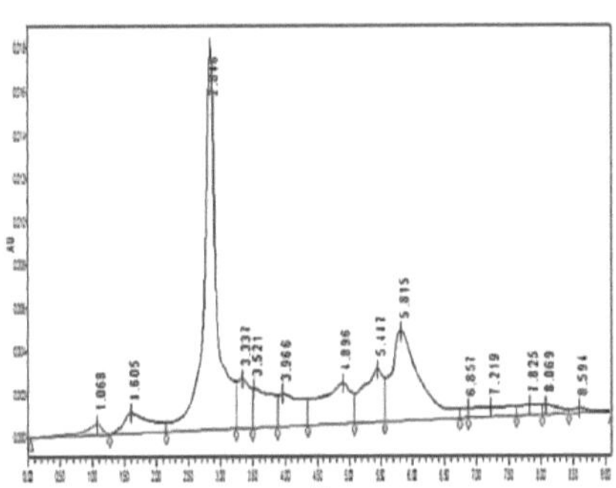

a) Acetonitrilo e água (30:70)

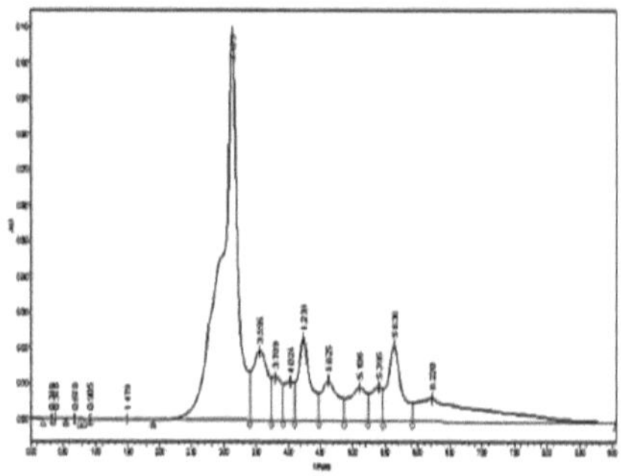

b) Acetonitrilo e água (70:30)

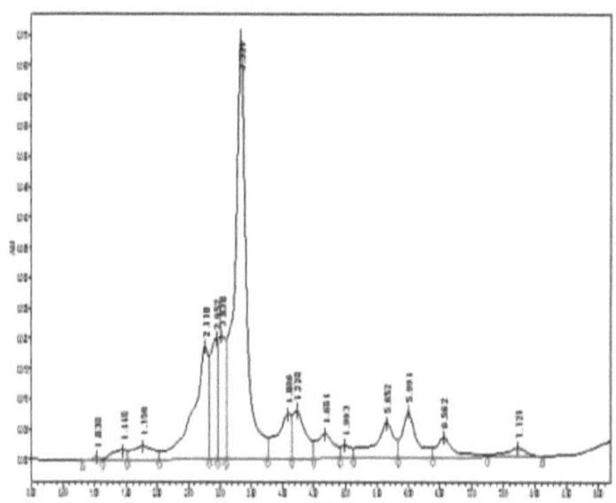

c) Acetonitrilo e água (80:20)

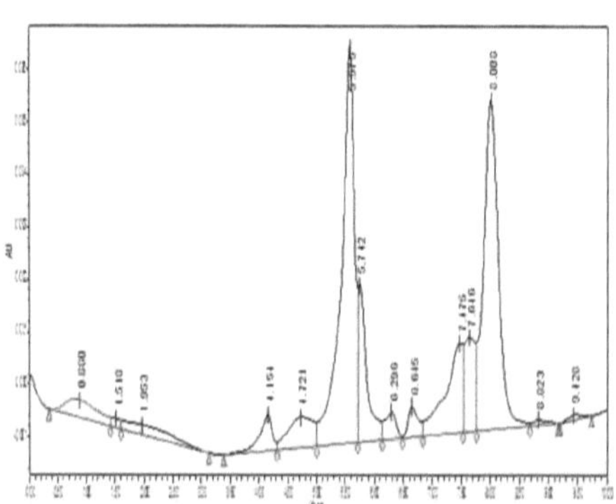

d) Água e metanol (90:10)

## 4. DEBATE E CONCLUSÕES

*O Croton caudatus* Geiseler tem várias utilizações tradicionais e farmacológicas e, como parte da autenticação da amostra, foram estudados os perfis microscópicos e de HPLC do *Croton caudatus*. A avaliação microscópica da folha de *Croton caudatus* e o perfil HPLC do extrato foram realizados, o que seria de grande utilidade na sua identificação. A cromatografia líquida de alta eficiência foi examinada a um caudal de 1 ml/min, com um volume de injeção - 5 µl, e deteção a 254nm. Isto é particularmente valioso para a separação preliminar e determinação de constituintes de plantas. Estes resultados são úteis para complementar a informação existente no que respeita à identificação e normalização de *Croton caudatus*, mesmo na forma de pó da folha, para a distinguir de outros adulterantes. O estudo também sugere que os parâmetros microscópicos observados são de grande valor no controlo de qualidade e no desenvolvimento de formulações.

O rastreio fitoquímico preliminar e o perfil TLC de vários extractos de *Croton caudatus* revelaram que contém alcalóides, fitoesteróis, saponinas, phlobatannins, glicosídeos cardíacos, flavonóides, fenólicos e terpenóides e a atividade medicinal desta planta pode dever-se à ação concertada de todos estes farmacóforos (Shantabi e Jagetia, 2015). Tricomas de cobertura unicelulares juntamente com tricomas não-grandulares foram as caraterísticas específicas na microscopia de pó.

O presente estudo sobre a avaliação microscópica e a caraterização por HPLC da folha de *Croton caudatus* Geiseler fornecerá informações úteis para a sua identificação, pureza e controlo de qualidade para referência futura.

## 5. REFERÊNCIAS


1. Anónimo (2005) Pharmacopoeia of the People's Republic of China; Chemical Industry Press: Pequim, China, 1:306.

2. Dinesh K, Karunesh K, Sunil K et al (2012) Avaliação farmacognóstica da folha e da casca da raiz de Holopteleaintegrifolia Roxb. Jornal Asiático do Pacífico de Biomedicina Tropical 169-175.

3. Foster GM, Anderson BG (1978) Medical Anthropology John Wiley and Sons Ltd: Nova Iorque.

4. Jiangsu New Medical College (1975) Dictionary of Traditional Chinese Medicine, Shanghai Science and Technology Press: Xangai, China, 447.

5. Khandelwal KR (2005) Practical pharmacognosy, 13ª ed., Pune: Nirali Prakashan, 146-148.

6. Lin Y, Yi Z, Zhao Y (2003) Chinese Dai Medicine Colorful Illustrations. Yunnan Nationality Press, Kunming.

7. Mukhopadhyay S (1996) Conservation, Protection and Biodiversity of Medicinal Plants; Gautam P L (et al), Ed.; Indian Society for Plant genetic resources, NBPGR campus: New Delhi; 15-28.

8. Nazish I, Kaskoos RA, Mir SR et al (2009) Amin S, and Ali M: Preliminary pharmacognostical standardization of Ruta graveolens L. Aerial Parts. Jornal de Investigação de Plantas Medicinais 3(2):41-44.

9. Pareek S K (1996) Medicinal Plants in India: Present Status and Future Prospects. Prospects of Medicinal Plants; Gautam P L (et al), Ed.; Indian Society for Plant genetic resources, NBPGR campus: Nova Deli, 5-14.

10. Raghavendra RR (1996) Traditional knowledge and sustainable development, Key role of Ethnobiologist. Journal of Ethnobotany, 8: 14-24.

11. Shantabi L, Jagetia GC (2015) Perfil fitoquímico de Kam-sabut, Croton caudatus Geiseler. Pesquisa e revisões: Journal of Botanical Sciences, RRJBS| Phytopathology/ Genes & Diseases- S1, 2015, e-ISSN: 2320-0189, p-ISSN: 23472308, Research Article.

# CAPÍTULO V

# RESUMO E CONCLUSÕES

## INTRODUÇÃO

Os produtos naturais têm atraído a atenção dos farmacologistas desde a antiguidade, o que levou ao isolamento de mais de 1 39 000 fitoquímicos, incluindo derivados terpenóides, alcalóides, glicosídeos, polifenólicos, esteróides e outras moléculas (Boopathy e Kathiresan, 2010). Muitos dos medicamentos modernos foram derivados de fontes vegetais antes do início da sua síntese química efectiva (Cragg e Newman, 2013). Isto indica que as plantas continuarão a desempenhar um papel significativo no futuro para o desenvolvimento de novos medicamentos.

Nos últimos anos, tem havido um interesse crescente em investigar materiais naturais como fonte de potenciais novos agentes quimioterapêuticos. Esta abordagem é seguida na esperança de obter novas moléculas bioactivas através da química combinatória e da modelação molecular computorizada (Cragg *et al.,* 2009). Há cada vez mais argumentos a favor da revisão dos produtos naturais para a descoberta de medicamentos. Historicamente, os produtos naturais provenientes de plantas e animais têm sido a fonte de praticamente todas as preparações medicinais e, mais recentemente, vários produtos naturais entraram em ensaios clínicos ou forneceram pistas para compostos que entraram em ensaios clínicos, nomeadamente como agentes anticancerígenos e antimicrobianos (Harvey, 2008; Harvey, 2011; Dias, 2012).

O *Croton caudatus* Geiseler (família Euphorbiaceae) tem sido tradicionalmente utilizado para cuidados de saúde humanos. É utilizado como cataplasma para a febre e entorses em várias partes da Ásia. É também útil no tratamento de doenças do fígado. As suas raízes são purgativas. A planta inteira é utilizada para fins medicinais e tem baixa toxicidade (Lin et al, 2003). *Croton caudatus* está bastante difundido no Sudeste Asiático e encontra-se no Sri Lanka, Butão, Bornéu, Birmânia, região Indo-Myanmar, Java, Laos, Malásia, Nepal, Paquistão, Filipinas, Singapura, Sumatra, Tailândia e Vietname. Os Chin-Kuki, habitantes de Manipur e Mizoram, utilizam *o Croton caudatus* Geiseler para cuidados de saúde desde há muito tempo. *Croton caudatus* Geisler é um medicamento tradicional Dai Nacionalista onde os seus caules e folhas têm sido utilizados para o tratamento da malária, febre ardente, convulsões, artrite reumática e dormência (Jiangsu New Medical College, 1975). É um dos constituintes do Qi Wei Ke Teng Zi Wan, uma fórmula famosa utilizada pela nacionalidade Dai da China para o tratamento de dores e doenças do estômago (Comissão da Farmacopeia da República Popular da China, 2005). As folhas têm sido aplicadas em feridas purulentas de tartarugas feridas para as proteger das larvas. Na língua Hmar, é designada por "Ranlung damdawi" (Ranlung = verme, damdawi = medicamento), na língua Manipuri "Yong Khullokpi e Khagi laikoi" e em Thadou-Kuki "Ganthan lou". A administração oral do sumo/extrato foi experimentada pela primeira vez em Saikot, no distrito de Churachandpur, em Manipur, pelo próprio Sr. Chawilen, pelo que é também conhecida por "Chawilen damdawi", em sua homenagem, e é também tradicionalmente conhecida por "Kam-Sabut". Devido à sua utilização generalizada nesta parte da Índia como medicina tradicional, o presente estudo foi realizado para obter uma visão das caraterísticas fitoquímicas, físico-químicas e microscópicas, do potencial antioxidante e do perfil HPLC de vários extractos de *Croton caudatus in vitro.*

## CHAPTER I

Este capítulo dá uma ideia do conhecimento atual sobre os agentes derivados de plantas na mitigação dos efeitos deletérios dos fármacos sintéticos e aumenta os argumentos a favor da revisão dos produtos naturais para a descoberta de fármacos. Uma breve descrição do objetivo e do âmbito do livro é apresentada no final deste capítulo.

## CHAPTER II

Apresenta a descrição das análises fitoquímicas e físico-químicas de vários extractos de *Croton caudatus in vitro.* As folhas maduras de *Croton caudatus* foram recolhidas, secas e transformadas em pó. O material em pó foi extraído sequencialmente em éter de petróleo, clorofórmio, álcool etílico e água. Os extractos líquidos arrefecidos foram concentrados por evaporação do seu conteúdo líquido sob pressão reduzida à temperatura ambiente. Cada extrato, com exceção do éter de petróleo, foi concentrado no vácuo e armazenado a -70°C até nova utilização. A análise fitoquímica qualitativa do extrato de etanol foi realizada utilizando protocolos padrão. O perfil TLC dos três extractos foi efectuado utilizando procedimentos padrão. Verificou-se que o *Croton caudatus* contém alcalóides, fitoesteróis, saponinas, flobataninos, glicosídeos cardíacos, flavonóides, fenólicos e terpenóides. A presença de diferentes constituintes químicos foi indicada por diferentes valores Rf em vários sistemas de solventes.

## CHAPTER III

O capítulo III descreve em pormenor a atividade antioxidante dos extractos de *Croton caudatus*. Os radicais livres têm sido implicados em várias doenças, incluindo o cancro, e os agentes que inibem a formação de radicais livres ou eliminam os radicais livres podem ser de grande valor para reduzir o stress oxidativo induzido pelos radicais livres nos seres humanos. O presente estudo foi realizado para estudar a atividade antioxidante do *Croton caudatus* in vitro. As folhas de *Croton caudatus* foram colhidas, secas à sombra, transformadas em pó e extraídas sequencialmente em clorofórmio, etanol e água. A atividade antioxidante de vários extractos foi avaliada pela sua capacidade de inibir a geração de DPPH, hidroxilo (• OH), superóxido ($O_2^{\cdot -}$) e óxido nítrico (NO") e radicais livres FRAP in vitro. Os teores de flavonóides totais e de fenóis totais foram determinados para compreender o seu papel na eliminação de radicais livres. Os extractos clorofórmico, etanólico e aquoso de *Croton caudatus* mostraram uma inibição dependente da concentração dos radicais livres DPPH, hidroxilo, superóxido, óxido nítrico e FRAP. Observou-se uma inibição máxima dos radicais livres DPPH e FRAP a 2000 µg/ml, enquanto os radicais livres hidroxilo e superóxido foram inibidos ao máximo a uma concentração de 3000 iig/ml e 5000 µg/ml, respetivamente. Do mesmo modo, foi observada uma maior inibição do radical livre óxido nítrico a uma concentração de 3500 Lg/ml para todos os extractos avaliados. Os teores máximos de fenóis e flavonóides totais foram determinados para 2000 e 4000 Lg/ml para todos os extractos. Vários extractos de *Croton caudatus* inibiram a geração de DPPH, hidroxilo (• OH), superóxido *($O_2$ '^)* e óxido nítrico (NO·) e radicais livres

FRAP de uma forma dependente da concentração, o que pode ser devido à presença de vários polifenóis.

## CHAPTER IV

Delineia a caraterística microscópica e o perfil de HPLC de *Croton caudatus*. O pó seco das folhas foi analisado microscopicamente e o perfil de HPLC foi efectuado utilizando protocolos padrão. A análise microscópica pormenorizada do pó revelou a presença de tricomas não glandulares, tricomas de cobertura, grãos de amido, cristais de oxalato de cálcio e células pétreas. O medicamento em pó, tratado com diferentes produtos químicos e os seus extractos com diferentes solventes, apresentou alterações de cor quando iluminado com luz UV. O perfil de HPLC mostrou a presença de vários fitoquímicos. A análise microscópica e o perfil HPLC da folha de *Croton caudatus* Geiseler são úteis na padronização da qualidade, pureza e para a identificação correta da amostra.

MIX
Papier aus verantwortungsvollen Quellen
Paper from responsible sources
FSC® C105338

Printed by Books on Demand GmbH, Norderstedt / Germany